KB178989

줄이 들려주는 일과 에너지 이야기

줄이 들려주는 일과 에너지 이야기

초 판 1쇄 발행일 | 2005년 5월 3일
개정판 1쇄 발행일 | 2010년 9월 1일
개정판 15쇄 발행일 | 2021년 5월 28일

지은이 | 정완상
펴낸이 | 정은영
펴낸곳 | (주)자음과모음

출판등록 | 2001년 11월 28일 제2001-000259호
주 소 | 04047 서울시 마포구 양화로6길 49
전 화 | 편집부 (02)324-2347, 경영지원부 (02)325-6047
팩 스 | 편집부 (02)324-2348, 경영지원부 (02)2648-1311
e-mail | jamoteen@jamobook.com

ISBN 978-89-544-2021-1 (44400)

줄이 들려주는

일과 에너지 이야기

| 정완상 지음 |

(주)자음과모음

줄을 꿈꾸는 청소년을 위한 '일과 에너지' 이야기

일과 에너지의 단위인 줄은 물리학자 줄의 이름에서 따왔습니다. 이 책은 줄이 학생들에게 일과 에너지의 원리를 수업하는 형식으로 썼습니다. 물론 일과 에너지에 대해서는 중학교에서 배우지만, 초등학생도 쉽게 이해할 수 있도록 일의 정의를 이용하여 여러 도구의 원리를 설명합니다.

이 책에서는 지렛대의 원리, 도르래의 원리, 비탈의 원리를 자세하게 설명하고 있습니다. 또한 위치 에너지와 운동 에너지 그리고 이들에 의해 만들어지는 역학적 에너지의 보존 원리에 대해서도 강의하고 있습니다. 학생들은 이 책을 통해 우리 주변에서 역학적 에너지의 보존 원리가 어디에서 사용되는지를 알아볼 수 있을 것입니다.

저는 주차장에서 가벼운 소형차와 무거운 트럭을 학생들에게 밀어 보게 함으로써 일과 에너지의 원리에 대해 직접 체험할 수 있도록 하였습니다. 그리고 수업 곳곳에 재미있는 비유와 실험을 넣어 흥미를 느낄 수 있게 하였습니다.

저는 한국과학기술원(KAIST)에서 이론 물리학을 공부하고 학생들을 가르친 경험을 바탕으로 쉽고 재미난 수업 형식을 도입했습니다. 저는 위대한 물리학자들이 교실에 학생들을 앉혀 놓고 일상 속 실험을 통해 그 원리를 하나하나 설명해 가는 방식으로 위대한 물리 이론을 초등학생도 이해할 수 있도록 서술했습니다.

책의 마지막 부분에 실린 창작 동화 〈007 에너지 대작전〉은 과학 천재 첩보원 007이 일과 에너지의 원리를 이용하여 위기를 벗어나는 모습을 통해 수업 내용을 총정리할 수 있도록 하였습니다.

이 책이 나올 수 있도록 도와준 (주)자음과모음 강병철 사장님과 편집부 직원 여러분에게 감사의 뜻을 표합니다.

정 완 상

차례

부록

첫 번째 수업

1

일이란 무엇인가요?

물체에 힘을 작용하여 긴 거리를 이동시킬 때와
짧은 거리를 이동시킬 때는 어떤 차이가 있을까요?
일의 정의를 알아봅시다.

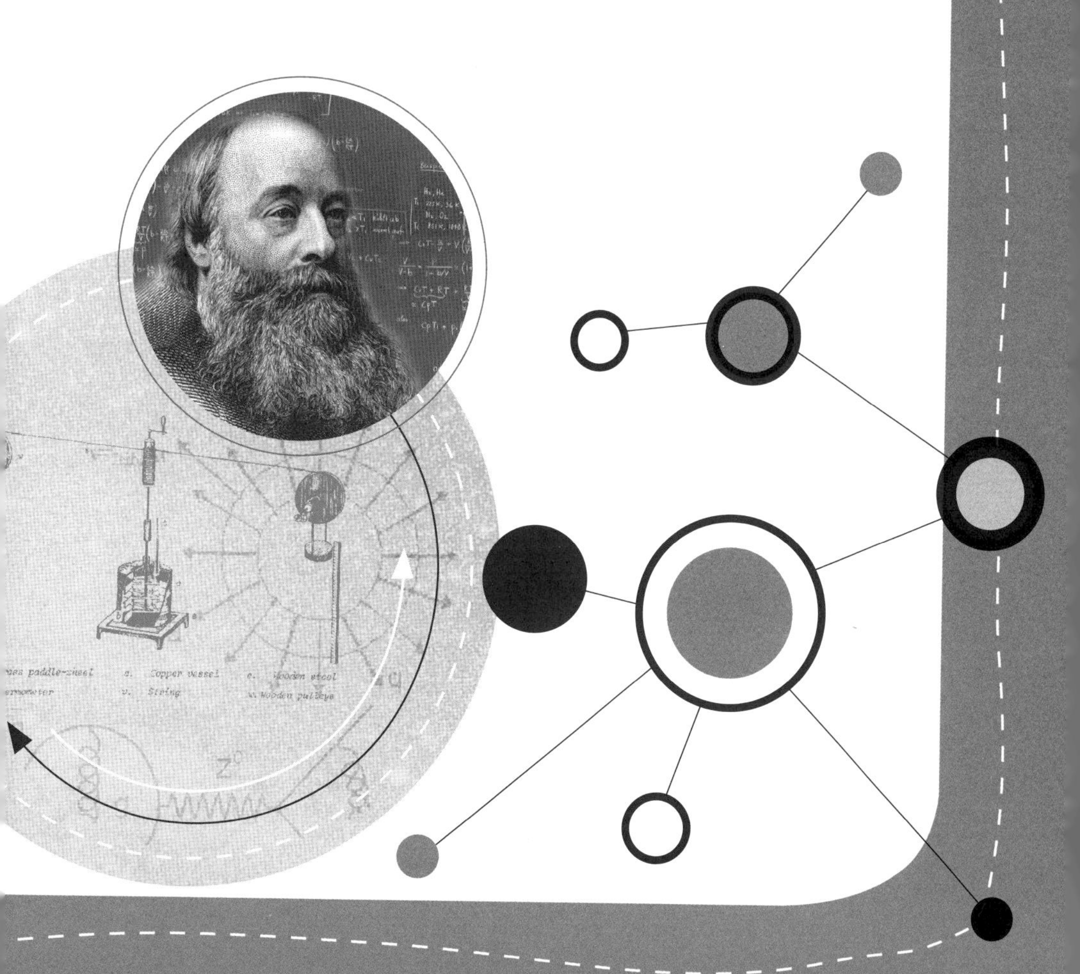

1

첫 번째 수업

일이란 무엇인가요?

교. 과. 연. 계.		
	초등 과학 4-1	1. 무게 재기
	중등 과학 1	7. 힘과 운동
	중등 과학 2	1. 여러 가지 운동
	고등 과학 1	2. 에너지
	고등 물리 I	1. 힘과 에너지
	고등 물리 II	1. 운동과 에너지

줄이 모든 사람들이 알고 있는 일에 대한 이야기로 첫 번째 수업을 시작했다.

줄은 교실에 자동차 모형 2개를 가지고 왔다. 소형차 1대와 트럭 1대였다. 줄은 소형차에 끈을 묶더니 미나에게 3m를 끌고 가게 했다.

소형차가 움직였지요? 그건 미나의 힘이 소형차에 작용했기 때문입니다. 이처럼 물체에 힘이 작용하면 일정한 거리를 움직입니다.

줄은 미나에게 소형차를 6m 끌고 가게 했다.

소형차가 더 긴 거리를 움직였군요. 미나가 소형차를 끄는 힘이 같았다고 합시다. 그럼 3m를 끌었을 때와 6m를 끌었을 때 중 언제 미나가 더 많은 일을 했을까요?

__6m를 끌었을 때입니다.

이렇게 물체에 힘을 작용하여 일정한 거리만큼 이동하게 할 때, 물체가 이동한 거리가 길수록 필요한 일의 양은 커집니다. 즉, 같은 힘으로 같은 물체를 6m 이동시킬 때 필요한 일의 양은 3m 이동시킬 때의 2배가 됩니다.

같은 힘을 물체에 작용했을 때 일의 양은 물체의 이동 거리에 비례한다.

그러면 일의 양은 물체가 이동한 거리하고만 관계가 있을까요?

다음 실험을 해 봅시다.

줄은 트럭에 끈을 매달아 미나에게 끌게 했다. 하지만 트럭은 무거워서 꼼짝도 하지 않았다.

미나의 힘이 너무 약해서 트럭을 움직이지 못했군요. 그럼 힘이 센 태호에게 끌어 보게 합시다.

태호는 트럭을 1m 끌고 갔다.

태호의 힘이 미나의 힘보다 크군요.

줄은 태호에게 트럭을 10m 끌고 가게 하고, 미나에게는 소형차를 10m 끌고 가게 했다. 미나는 쉽게 소형차를 끌었지만, 태호는 땀을 뻘뻘 흘리면서 간신히 트럭을 10m 이동시켰다.

두 사람이 물체를 이동시킨 거리는 같지요? 하지만 물체에 작용한 힘은 다릅니다. 트럭을 끄는 힘이 소형차를 끄는 힘보다 크지요. 따라서 태호가 한 일의 양이 미나가 한 일의 양보다 큽니다. 즉, 같은 거리를 움직이게 할 때는 큰 힘이 작용할수록 일의 양이 커지는 것입니다.

물체가 같은 거리를 움직였을 때, 일은 물체에 작용한 힘에 비례한다.

그러므로 다음과 같이 정리할 수 있습니다. 물체에 힘 F가 작용하여 거리 s만큼 이동시켰을 때 한 일의 양을 W라고 하면 다음과 같습니다.

$W = F \times s$

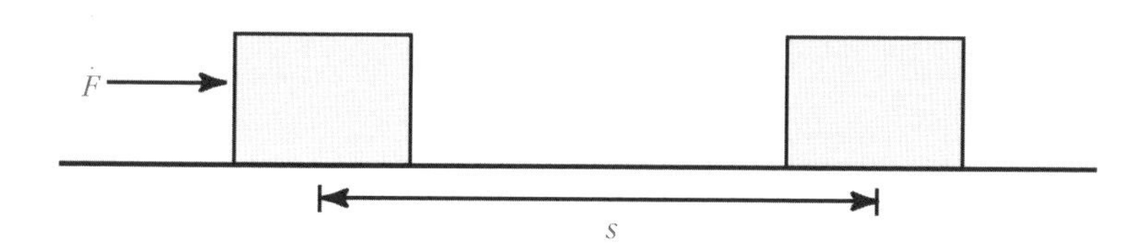

힘의 단위는 N(뉴턴)입니다. 그러므로 일의 단위는 N · m가 되지요. 이것을 J라고 쓰고, 줄이라고 부릅니다.

$1J = 1N \cdot m$

어떤 물체에 1N의 힘이 작용하여 물체가 1m 움직였을 때, 이 힘이 한 일의 양은 1J입니다.

과학자의 비밀노트

뉴턴(newton)

힘을 나타내는 절대 단위로 기호는 N이다. 1N은 1kg의 물체에 작용하여 매초마다 1m/s^{2}의 가속도를 얻게 하는 힘이다.

물리량의 단위에는 그 개념을 처음 도입하거나 그 분야의 발전에 공로가 큰 사람의 이름을 붙이는 경우가 많은데, 힘의 기본 단위인 N(뉴턴)은 영국의 물리학자 뉴턴의 이름을 붙인 것이다. 뉴턴은 만유인력으로도 유명하지만 미적분법 창시, 뉴턴 역학의 체계 확립 등 자연 과학에 커다란 영향을 끼친 과학자이다.

일의 양이 0인 경우

일의 공식을 보면 거리가 0이거나 힘이 0이면 일의 양이 0임을 알 수 있습니다.

줄은 성진이를 불러 벽을 밀게 했다. 하지만 벽은 움직이지 않았다.

성진이의 힘이 벽에 작용했지만 벽은 움직이지 않았지요? 따라서 벽이 움직인 거리는 0입니다. 그러므로 성진이가 한 일의 양은 0이 되지요. 이처럼 물체에 힘을 작용했지만 물체가 움직인 거리가 0이면 힘이 한 일의 양은 0이 됩니다.

또 다른 경우를 봅시다.

줄은 바닥에 무거운 상자를 놓았다. 그리고 진우에게 수평 방향으로 상자를 밀게 했다. 상자는 진우가 미는 방향으로 움직였다.

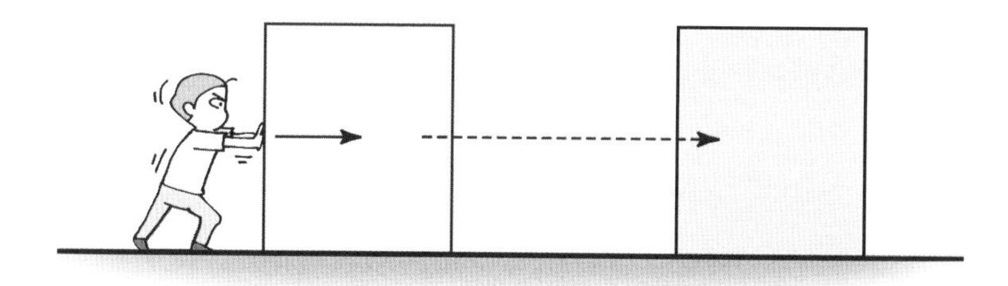

진우가 미는 힘이 일을 했습니다.

줄은 진우에게 비스듬한 방향으로 상자를 밀게 했다. 상자는 진우가 미는 방향으로 움직이지 않고 수평 방향으로만 움직였다.

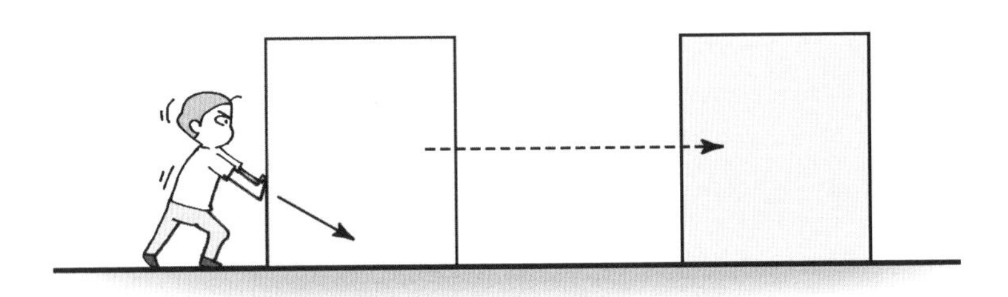

상자는 진우가 미는 힘의 방향으로 움직이지 않았지요? 이때 진우가 상자를 미는 힘은 수평 방향의 힘과 수직 방향의 힘으로 나눌 수 있습니다.

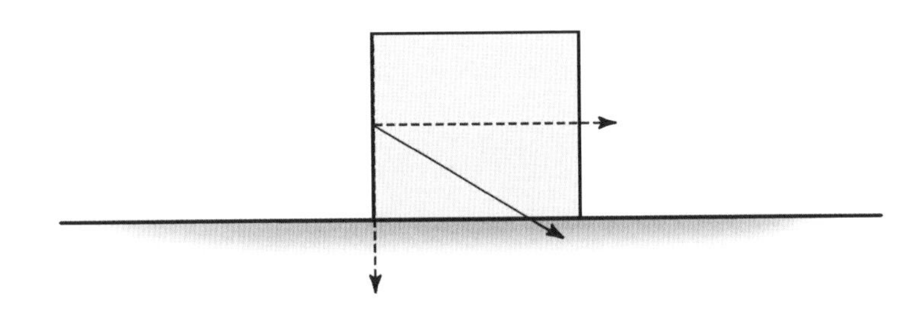

그런데 수직 방향으로 작용한 힘은 땅바닥을 향하고 있기 때문에 상자를 움직이게 하지 않습니다. 따라서 그 힘은 일을 하지 않은 것입니다. 그렇다면 진우가 민 힘이 모두 상자

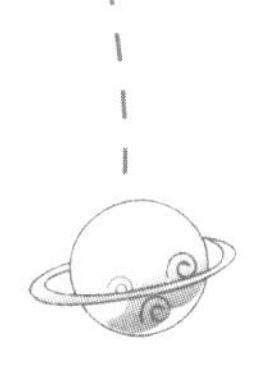

에 일을 해 준 것이 아니라 그중 일부인 수평 방향의 힘만이 일을 했군요. 그래서 수평 방향으로 밀 때보다 일의 양이 줄어들게 됩니다.

줄은 진우에게 상자를 수직 방향으로 밀게 했다. 상자는 전혀 움직이지 않았다.

상자가 움직이지 않았지요? 그러니까 상자를 수평 방향으로 움직이려 할 때, 그와 수직인 방향으로 작용한 힘은 아무런 일을 하지 않는다는 것을 알 수 있습니다.

힘과 이동 방향이 서로 수직이면 힘이 한 일의 양은 0이다.

줄은 미나에게 가방을 손에 들고 걸어가게 했다.

이때 미나가 한 일의 양은 얼마일까요?

__잘 모르겠어요.

__미나가 한 일의 양은 0입니다. 미나가 들고 있는 가방은 지구가 당기는 힘, 즉 중력을 받습니다. 그것을 가방의 무게라고 하지요. 이 힘은 미나가 움직인 방향과 수직입니다. 그러므로 일의 양은 0이 됩니다.

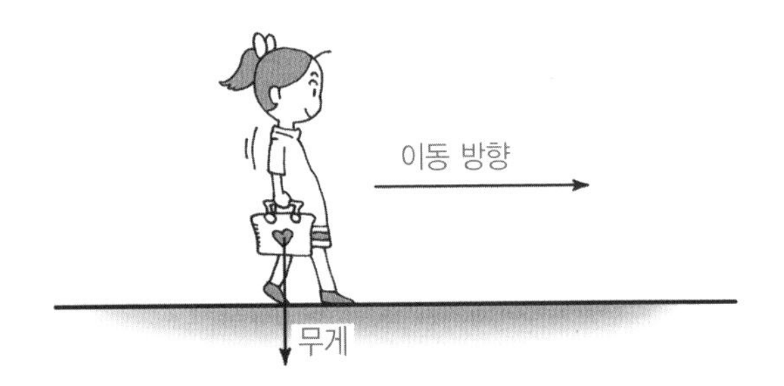

물체를 들어 올리는 일

이번에는 물체를 위로 들어 올릴 때의 일의 양에 대해 알아봅시다.

줄은 30kg의 역기를 놓고 미나에게 들어 보라고 했다. 미나가 들어 보려고 했지만 꼼짝도 하지 않았다.

질량이 30kg인 역기의 무게는 중력 가속도 $10m/s^2$을 곱한 300N입니다. 이 물체를 들어 올리려면 300N의 힘이 필요합니다. 하지만 미나는 그만큼의 힘을 내지 못하는군요. 그래서 역기가 움직이지 않았습니다.

줄은 30kg의 역기를 태호에게 들어 보라고 했다. 태호는 역기를 2m 높이까지 들어 올렸다.

이때 태호가 역기를 들어 올리는 힘은 역기의 무게인 300N 입니다. 이 힘의 방향은 위로 향하고 있습니다.

들어 올리는 힘의 방향과 역기의 이동 방향이 같지요? 그러므로 태호는 일을 했습니다. 이때 태호가 한 일의 양을 W라고 하면, 일의 양은 일의 공식에 의해 다음과 같습니다.

$$W = 300 \times 2 = 600(\mathrm{J})$$

만화로 본문 읽기

맞아요. 물체가 이동한 거리가 길수록 필요한 일의 양은 커집니다. 즉, 같은 힘으로 같은 물체를 3m 이동시킬 때 필요한 일의 양은 1m 이동시킬 때의 세 배가 된답니다.

아아~.

두 번째 수업 2

누가 **효율적**으로 **일**을 할까요?

같은 양의 일을 할 때 걸린 시간이 짧으면 무엇이 달라질까요?
일의 효율, 즉 일률에 대해 알아봅시다.

2

두 번째 수업

누가 효율적으로 일을 할까요?

교과 연계		
중등 과학 1	7. 힘과 운동
중등 과학 2	1. 여러 가지 운동
중등 과학 3	2. 일과 에너지
고등 과학 1	2. 에너지
고등 물리 I	1. 힘과 에너지
고등 물리 II	1. 운동과 에너지

줄이 일의 효율에 대해 알아보자며 두 번째 수업을 시작했다.

줄은 다시 태호에게 30kg의 역기를 2m 높이로 들어 올리게 했다.

그리고 학생들에게 시간을 재라고 했다.

몇 초 걸렸지요?

__2초 걸렸습니다.

줄은 학생들을 둘러보다가 가장 몸이 약한 철수에게 30kg의 역기를 2m 높이로 들어 올리게 했다. 그리고 학생들에게 시간을 재라고 했다. 철수는 아주 힘들어하면서 역기를 간신히 들어 올렸다.

몇 초 걸렸지요?

__30초 걸렸습니다.

태호와 철수가 한 일의 양을 각각 W_1, W_2라고 합시다.

태호 : $W_1 = 300 \times 2 = 600(\mathrm{J})$

철수 : $W_2 = 300 \times 2 = 600(\mathrm{J})$

두 사람이 한 일의 양은 같군요. 하지만 태호는 같은 양의 일을 철수보다 빨리 끝마쳤습니다.

만일 두 사람에게 똑같이 30초의 시간을 주면 태호는 역기를 15회나 들어 올릴 수 있습니다. 이 경우 같은 시간 동안 한 일의 양은 태호가 더 큽니다. 이때 누가 일을 더 효율적으로 했는지를 나타내는 양을 정의하게 되는데, 그것이 일률입니다. 이렇게 일의 양과 시간을 함께 생각하는 양이 바로 일률인데, 일률은 영어로 power이기 때문에 P라고 쓰며 다음과 같이 정의됩니다.

$$\text{일률}(P) = \frac{\text{일}}{\text{시간}} = \frac{W}{t}$$

이때 시간의 단위는 초(s)이고 일의 단위는 J이므로 일률의 단위는 J/s가 됩니다. 이것을 *W*라고 쓰고 와트라고 읽습니다. 즉, 1초 동안 1J의 일을 했을 때의 일률이 1*W*입니다.

태호와 철수의 일률을 각각 P_1, P_2라고 하면 다음과 같은 결론을 얻을 수 있습니다.

$$\text{태호 : } P_1 = \frac{600}{2} = 300(\text{W})$$

철수 : $P_2 = \frac{600}{30} = 20(W)$

즉 태호의 일률이 철수의 일률의 15배입니다. 일률이 크다는 것은 같은 시간 동안 더 많은 양의 일을 할 수 있다는 말과 같습니다. 이것이 바로 사람보다 일률이 큰 기계를 사용하는 이유입니다.

일률과 속도의 관계

일률에 대한 다른 공식을 만들어 봅시다. 일률 P는 $P = \frac{W}{t}$입니다. 이때 일은 $W = F \times s$이므로 $P = \frac{F \times s}{t} = F \times \frac{s}{t}$가 됩니다.

여기서 F는 힘이고, s는 이동 거리입니다.

한편 거리를 시간으로 나눈 값은 속도 v이므로, $\frac{s}{t} = v$입니다. 따라서 힘 F에 의해 속도 v로 움직일 때 일률은 $P = F \times v$가 됩니다.

예를 들어 어떤 자동차의 일률이 1,000W로 일정하다고 합시다. 이 차가 50m/s로 달리면 1,000W = $F \times$ 50m/s이므로, 자동차의 힘은 20N이 됩니다. 또 이 차가 10m/s로 달리면

$1,000\text{W} = F \times 10\text{m/s}$이므로, 자동차의 힘은 100N이 됩니다.

그러므로 일정한 일률을 가진 차의 경우 언덕을 올라갈 때처럼 큰 힘이 필요할 때에는 속도를 줄여야 합니다. 이것이 자동차를 타고 언덕을 올라갈 때 저단 기어를 사용하는 이유이지요.

만화로 본문 읽기

1호기! 좀 더 분발하도록. 2호기는 아까 끝냈는데 지금에서야 끝내면 안 되지!
주인님, 불공평합니다. 저도 2호기와 같이 5개의 상자를 다 올렸는데 왜 저한테만 야단을 치시는 겁니까? 삐리삐리~.

물론 너희 둘이 한 일은 같아. 하지만 난 좀 더 효율적으로 일을 하기 바란단 말야.
효율적? 효율적이 뭐죠? 삐리삐리~.

좋아, 들어봐. 너와 2호기가 2kg(20N) 5개의 짐을 2m 높이로 들어 올렸으니까 각각 한 일의 양(W_1, W_2)은 같아.
W_1=100×2=200(J)
W_2=100×2=200(J)

하지만 2호기는 같은 양의 일을 빨리 끝마쳤어. 즉, 일률이 더 컸다는 말이지.
일률이요?

일의 양과 시간을 함께 생각하는 것이 바로 일률이야. 만일 너희 둘에게 똑같은 시간을 준다면 2호기는 같은 시간 동안 더 많은 일을 할 수 있을 거야. 이처럼 누가 일을 더 효율적으로 했는지를 나타내는 것이 일률이지.

일률은 영어로 power이기 때문에 P라고 쓰며, 다음과 같이 정의가 되니까 명심하라고.
일률 = 일/시간
$P = \frac{W}{t}$
예, 더 부지런해지도록 하겠습니다.

세 번째 수업 3

지렛대의 원리

작은 힘으로 큰 힘을 만드는 방법은 뭘까요?
지렛대의 원리에 대해 알아봅시다.

3

세 번째 수업

지렛대의 원리

교.	초등 과학 5-2	8. 에너지
과.	초등 과학 6-2	6. 편리한 도구
연.	중등 과학 1	7. 힘과 운동
계.	중등 과학 3	2. 일과 에너지
	고등 과학 1	2. 에너지
	고등 물리 I	1. 힘과 에너지

줄이 학생들을 시소로 데려가서 세 번째 수업을 시작했다.

오늘은 지렛대의 원리에 대해 알아보겠습니다.

줄이 질량이 30kg인 미나와 질량이 60kg인 태호를 양 끝에 앉혔다. 시소가 태호 쪽으로 기울어졌다.

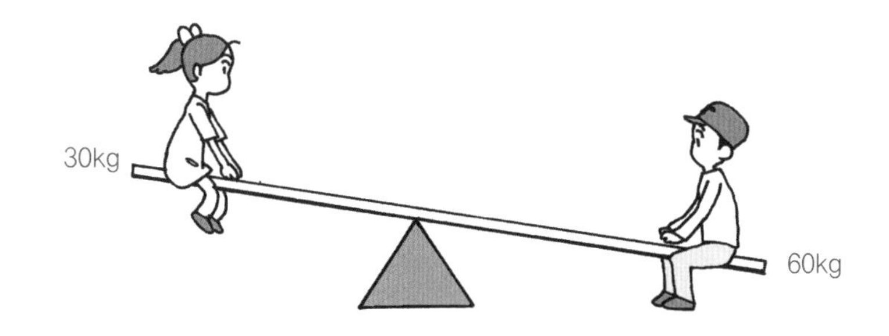

태호 쪽이 내려갔지요? 태호가 미나보다 무겁기 때문입니다. 즉, 지구가 태호를 당기는 힘이 미나를 당기는 힘보다 크기 때문입니다.

줄은 태호에게 받침대와 지금 위치의 절반이 되는 위치에 앉도록 했다. 그러자 시소는 수평이 되었다.

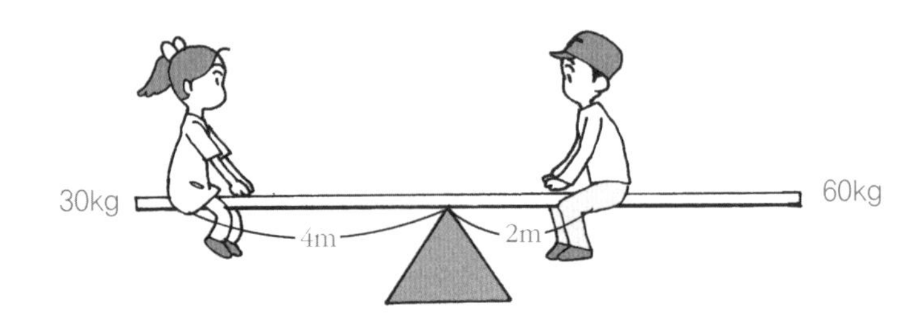

시소가 수평이 되었군요. 왜 그럴까요? 미나의 무게는 미나의 질량에 중력 가속도 $10m/s^2$을 곱한 300N입니다. 마찬가지로 하면 태호의 무게는 600N입니다. 그러므로 태호의 무게가 미나의 무게의 2배입니다. 받침대로부터 미나가 앉아 있는 곳까지의 거리를 4m라고 합시다. 그럼 태호가 앉아 있는 곳까지의 거리는 2m입니다. 이때 다음과 같은 등식이 성립합니다.

(미나의 무게) × (미나와 받침대 사이의 거리)

= (태호의 무게) × (태호와 받침대 사이의 거리)

즉, 두 사람이 수평을 유지할 때 무게와 받침대로부터의 거리의 곱은 같아집니다. 확인해 봅시다.

(미나의 무게) × (미나와 받침대 사이의 거리) = 300 × 4 = 1200(N · m)

(태호의 무게) × (태호와 받침대 사이의 거리) = 600 × 2 = 1200(N · m)

이것을 지렛대의 원리라고 합니다. 그러므로 시소의 받침대에서 멀리 떨어진 사람의 작은 무게가 받침대에서 가까이 있는 사람의 큰 무게와 수평을 이룰 수 있습니다. 이 성질을 이용하면 작은 힘으로 큰 힘을 낼 수 있는 장치를 만들 수 있습니다.

줄은 10kg의 물체를 바닥에 놓았다. 그리고 손으로 물체를 들어 올렸다.

질량이 10kg인 물체의 무게는 100N이므로 이 물체를 들어 올리는 데 필요한 힘은 100N입니다.

이제 지레를 이용하여 이보다 작은 힘을 들여 물체를 들어 올려 보겠습니다.

줄은 다음과 같이 지레를 만들었다. 한쪽에 질량이 10kg인 물체를 놓고 반대쪽을 눌렀다.

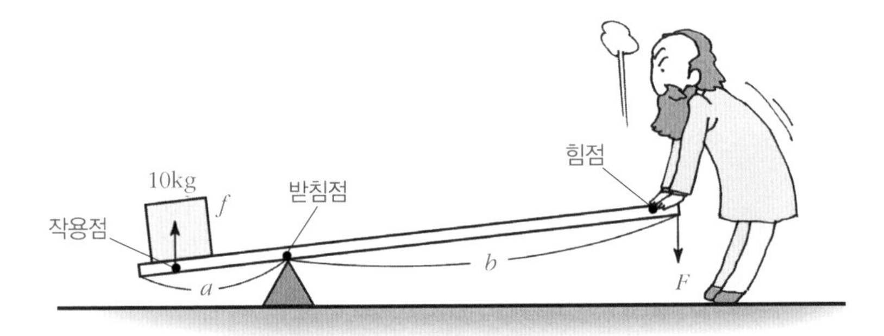

이때 물체를 들어 올리기 위해 내가 누른 힘은 100N보다 작습니다. 이것을 지렛대의 원리로 설명하겠습니다.

내가 물체를 누르는 지점을 힘점이라고 하고, 들어 올리고자 하는 물체가 있는 지점을 작용점이라고 합니다. 이때 지레를 받치고 있는 지점을 받침점이라고 하지요. 즉, 지레는 힘점, 작용점, 받침점으로 이루어져 있습니다.

이때 지렛대의 원리는 다음과 같습니다. 내가 누르는 힘을 F, 물체에 작용하는 힘 또는 무게를 f, 작용점에서 받침점까지의 거리를 a, 받침점에서 힘점까지의 거리를 b라고 하면 다음과 같은 식이 성립합니다.

$$f \times a = F \times b$$

이 식을 보면 물체의 무게가 일정할 때 받침점과 작용점까지의 거리가 짧을수록 적은 힘으로 들어 올릴 수 있음을 알 수 있습니다.

예를 들어, 다음과 같은 경우를 봅시다.

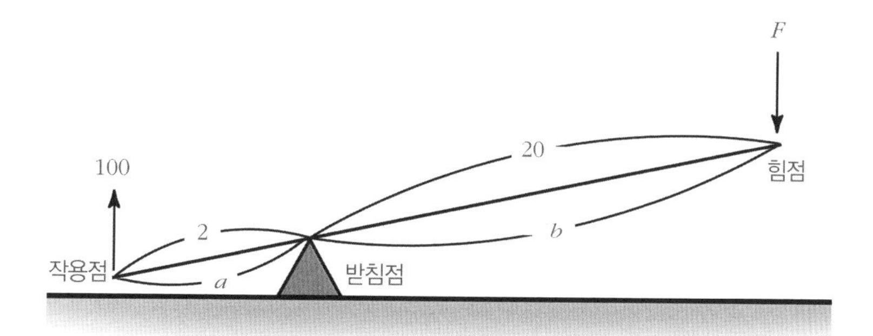

질량이 10kg인 물체의 무게는 100N이므로 지렛대의 원리를 이용하면

$100 \times 2 = F \times 20$

이 되어, 이 식에서 F를 구하면 F=10(N)이 됩니다. 따라서 지레를 이용하면 10N의 힘으로 100N의 물체를 들어 올릴 수 있습니다.

지렛대의 원리 증명

지렛대의 원리를 일의 정의를 이용하여 간단하게 증명할 수 있습니다. 예를 들어, 다음과 같은 지레가 있다고 합시다.

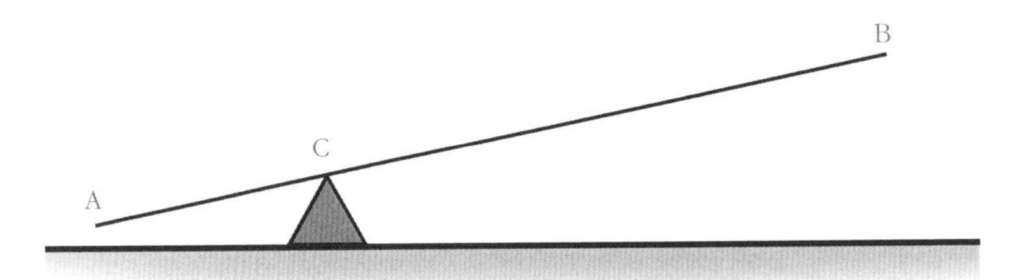

A는 작용점, B는 힘점, C는 받침점입니다. 이제 다음 그림처럼 A에 무게가 f인 물체를 올려놓고 B를 힘 F로 눌러 준다고 합시다. 이때 B는 B′로, A는 A′로 이동했다고 가정합니다.

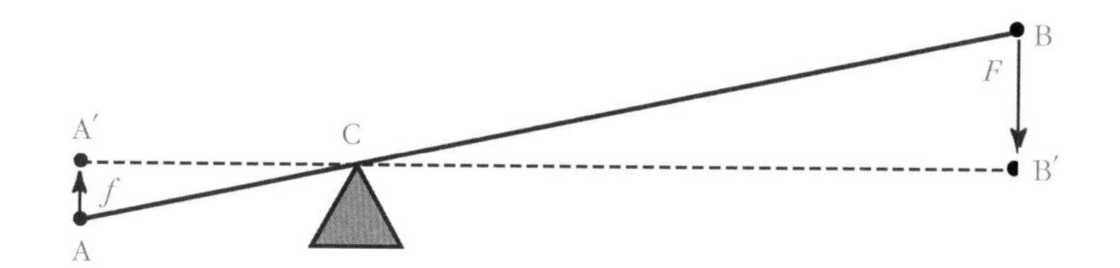

그렇다면 힘 F를 B에서 B′까지 작용했으므로 이때 힘 F가 한 일은 $F \times BB'$가 됩니다. 이 일은 지레에 공급한 일입니다. 이 일은 작용점에 있는 물체를 들어 올리는 데 사용됩니다. 작용점에 있는 무게가 f인 물체는 힘 f로 A에서 A′까지 들어 올려지므로, 이때 힘 f가 한 일은 $f \times AA'$가 됩니다.

이때 지렛대의 원리에 의해 힘점에서 해 준 일의 양과 작용점에서 한 일의 양은 같아야 합니다.

$$F \times BB' = f \times AA' \cdots\cdots (1)$$

이제 다음과 같이 2개의 삼각형을 만들어 봅시다.

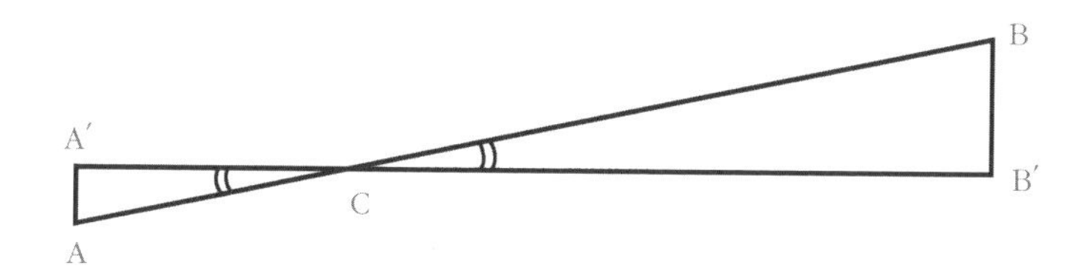

여기서 $\angle ACA' = \angle BCB'$ 이고 삼각형 ACA′ 와 BCB′ 는 각각 직각삼각형이므로 두 삼각형은 닮음이 됩니다. 닮은 두 삼각형에서 대응하는 변의 비의 값은 일정하므로 다음이 성립합니다.

$$AA' : BB' = A'C : B'C \cdots\cdots \ (2)$$

(2)의 비례식을 정리하여 (1)에 대입하면 다음이 성립합니다.

$$F \times B'C = f \times A'C$$

그러므로 힘과 받침점으로부터의 거리의 곱이 일정하다는 것을 알 수 있습니다.

지레의 이용

지레는 작은 힘으로 큰 힘을 만들 수 있기 때문에 많은 곳에서 이용됩니다. 예를 들어, 병따개나 손톱깎이도 지레의 원리를 이용합니다.

또한 장도리로 못을 뽑는 것도 지렛대의 원리를 적용한 대표적인 예입니다.

만화로 본문 읽기

우아~! 박사님, 어떡해요? 이러다 떨어지겠어요.
흔들
흔들
침착해요. 철수의 몸무게가 얼마나 되죠?

아니, 이 상황에서 웬 몸무게요? 전 40kg이에요.
오호, 내 몸무게의 딱 절반이네요. 그럼 내가 좀 더 가운데로 가야겠군요.
흔들
흔들

앗! 수평이 되었어요. 박사님, 어떻게 하신 거죠?
이것이 바로 지렛대의 원리입니다.

지렛대의 원리란 시소와 같은 것에서 두 사람이 수평을 유지할 때 각각의 무게와 받침대로부터의 거리의 곱은 서로 같다는 원리죠. 바로 지금이 그런 상황입니다.

확인해 볼까요? 우선 철수의 무게는 철수의 몸무게인 질량에 10m/s²을 곱한 400N이고, 난 그 2배인 800N이죠. 그리고 받침대로부터 내가 있는 자리까지의 거리를 2m라고 하면, 철수까지의 거리는 4m입니다. 그러니 다음 등식이 성립하겠죠?
슥슥
철수의 무게×철수와 회전축 사이의 거리 = 400×4 = 1600(N·m)
줄의 무게×줄과 회전축 사이의 거리 = 800×2 = 1600(N·m)

어때요? 같아졌죠. 이 지렛대의 원리를 이용하면 작은 힘으로 큰 힘을 낼 수 있답니다.
저, 박사님… 근데 언제까지 이러고 있어야 하나요?

네 번째 수업 4

도르래 이야기

도르래에는 고정도르래와 움직도르래가 있습니다.
도르래의 원리에 대해 알아봅시다.

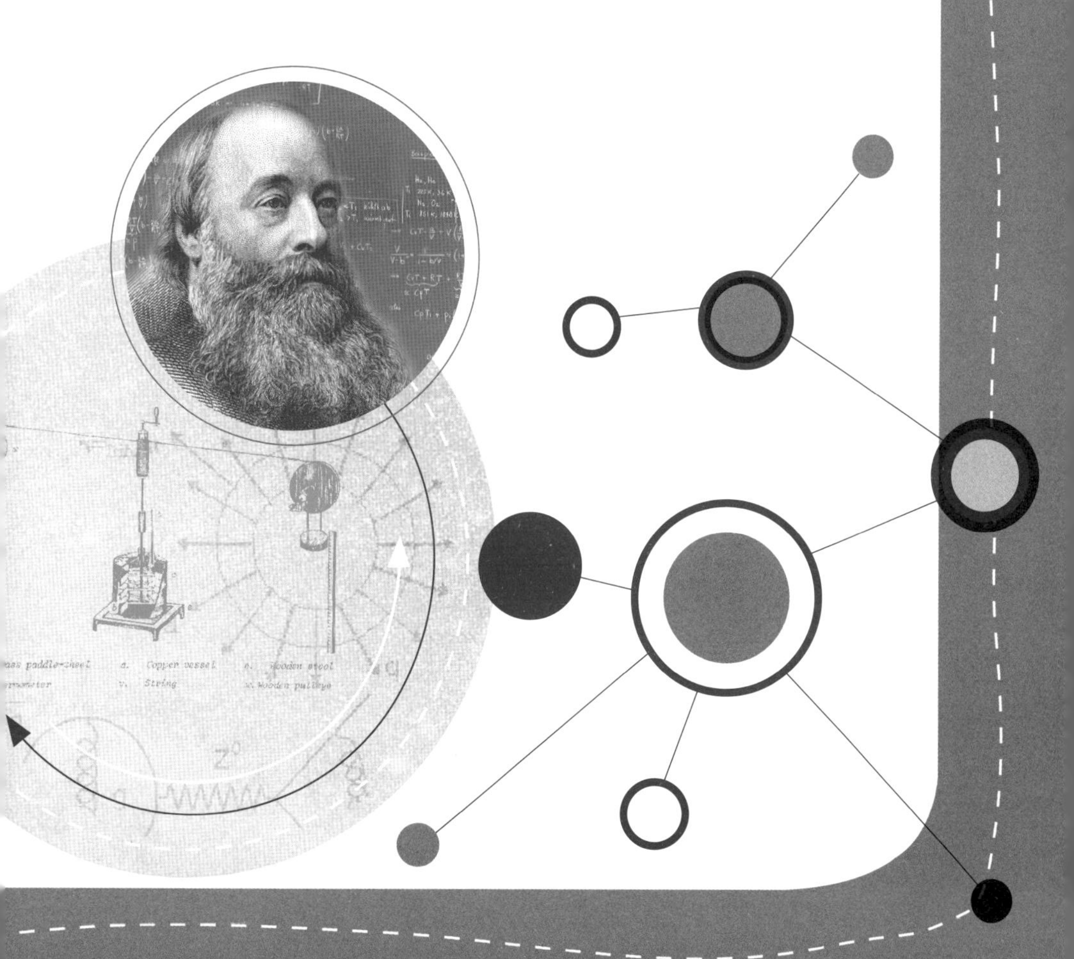

4

네 번째 수업

도르래 이야기

교.	초등 과학 5-2	8. 에너지
과.	초등 과학 6-2	6. 편리한 도구
과.	중등 과학 3	2. 일과 에너지
연.	고등 과학 1	2. 에너지
계.	고등 물리 I	1. 힘과 에너지

줄이 도르래에 대한 주제로 네 번째 수업을 시작했다.

고정도르래

오늘은 도르래에 대한 이야기를 해 보겠습니다. 도르래에는 고정도르래와 움직도르래가 있습니다. 먼저 고정도르래에 대해 알아보겠습니다.

줄은 천장에 고정도르래를 설치하고 끈을 늘어뜨려 끈의 한쪽에는 질량이 10kg인 물체를 매달고, 다른 한쪽은 손으로 잡았다. 줄이 손으로 끈을 잡아당기자 물체가 위로 올라갔다.

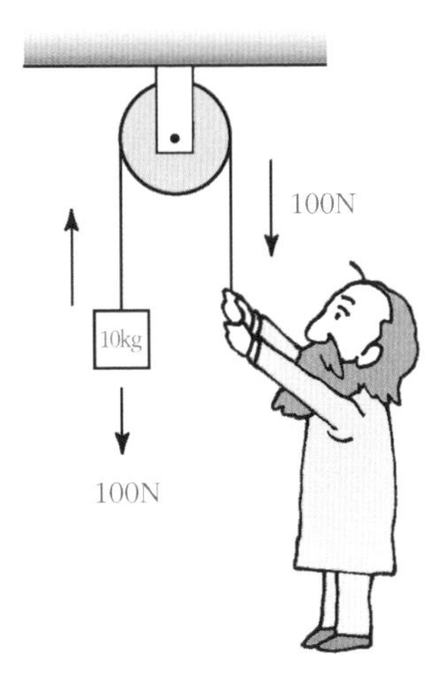

이때 내가 줄을 잡아당기는 힘은 물체의 무게와 같습니다. 물체의 무게가 100N이므로 내가 물체를 잡아당기는 힘 역시 100N입니다. 그러니까 고정도르래를 통해 물체를 들어 올릴 때는 도르래를 사용하지 않고 물체를 들 때와 같은 크기의 힘을 작용해야 합니다.

이때 내가 10cm(0.1m)를 잡아당기면 물체는 0.1m를 올라갑니다. 그것은 간단합니다. 내가 잡아당기는 힘이 한 일을 W_1이라고 하면,

$$W_1 = 100\text{N} \times 0.1\text{m} = 10\text{J}$$

입니다. 한편 무게가 100N인 물체를 0.1m 들어 올리는 데 필요한 일을 W_2라고 하면,

$$W_2 = 100\text{N} \times 0.1\text{m} = 10\text{J}$$

이 되어 내가 줄을 당기는 힘이 한 일은 물체를 직접 들어 올릴 때 한 일과 같아집니다.

그럼 고정도르래는 일의 양도 힘도 달라지지 않는데, 왜 필요할까요?

줄은 학생들을 국기 게양대로 데리고 갔다. 그리고 도르래와 연결된 끈을 당기게 했다. 그러자 국기가 위로 올라갔다.

국기 게양대는 아주 높습니다. 매일 국기를 들고 위로 올라갈 수가 없습니다. 하지만 고정도르래를 사용해 내가 끈을 당기면 국기는 위로 올라가기 때문에 쉽게 국기를 게양할 수 있습니다.

고정도르래는 이처럼 힘의 방향을 바꾸는 데 사용합니다.

움직도르래

이번에는 물체를 들어 올릴 때마다 도르래도 움직이는 경우를 봅시다. 이런 도르래를 움직도르래라고 하지요.

줄은 움직도르래를 통해 질량이 10kg인 물체를 매달고 끈 한쪽을 손으로 잡았다. 그리고 끈을 10cm 위로 당겼다. 이때 물체는 5cm 위로 올라갔다.

움직도르래를 통해 끈을 당기면 왜 끈을 당긴 길이만큼 물체가 움직이지 않고, 그 길이의 절반만큼 움직일까요? 우선 이 경우 힘에 대해서 살펴봅시다.

내가 당기는 힘의 크기를 F라고 하면 2개의 끈이 물체의 무게를 지탱하므로 천장에 고정되어 있는 끈의 장력 역시 F가 됩니다. 그러므로 F의 2배가 물체의 무게와 평형을 이루게 되지요.

$$2 \times F = 100\text{N}$$

이 식을 풀면 $F = 50\text{N}$이 되지요. 그러므로 무게가 100N인 물체를 무게의 절반인 50N의 힘으로 들어 올릴 수 있습니다. 즉 움직도르래를 사용하면 적은 힘으로 무거운 물체를 들어 올릴 수 있습니다.

하지만 내가 끈을 당긴 힘이 한 일은 물체를 들어 올리는 데 필요한 일과 같아집니다. 끈을 10cm(0.1m) 당겼고, 물체가 올라간 높이는 h라고 하면

끈을 당긴 힘이 한 일 $= 50\text{N} \times 0.1\text{m} = 5\text{J}$

물체를 들어 올리는 데 필요한 일 $= 100\text{N} \times h$

두 일의 양은 같으므로 $5 = 100 \times h$가 되고, 이 식을 풀면 $h = 0.05\,(\mathrm{m}) = 5\,(\mathrm{cm})$가 됩니다.

그러므로 줄을 당긴 길이의 절반만큼 물체가 올라간다는 것을 알 수 있습니다.

도르래의 연결

움직도르래를 여러 개 연결하면 어떻게 될까요?

줄은 움직도르래 1개와 고정도르래 1개를 연결하여 질량이 10kg인 물체를 들어 올렸다.

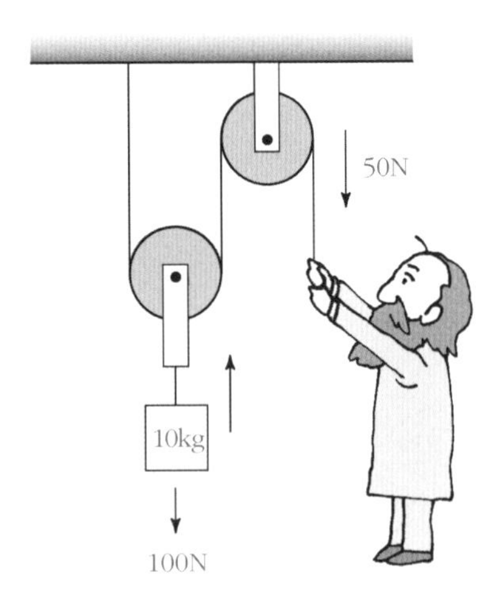

움직도르래가 1개 사용되었지요? 그러므로 물체를 들어 올리기 위해 당겨야 하는 힘은 물체의 무게의 절반인 50N이 됩니다. 이때 고정도르래는 힘의 방향을 바꾸는 기능을 하지요. 이번에는 움직도르래 2개를 연결해 보겠습니다.

줄은 움직도르래 2개와 고정도르래 1개를 연결하여 질량이 10kg인 물체를 들어 올렸다.

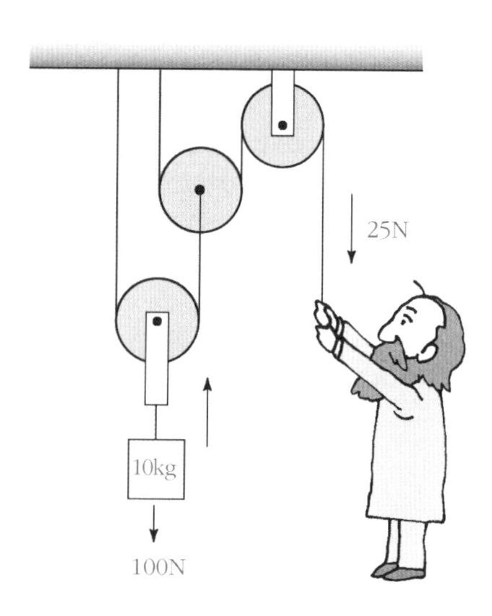

움직도르래 2개를 사용했습니다. 움직도르래 1개는 물체를 들어 올리는 힘을 $\frac{1}{2}$로 줄어들게 하므로, 2개의 움직도르래를 사용하면 힘을 $\frac{1}{2} \times \frac{1}{2} = \frac{1}{4}$로 줄어들게 할 수 있습니니

다. 따라서 무게 100N인 물체를 들어 올리는 데 필요한 힘은 $100N \times \frac{1}{4} = 25(N)$이 됩니다.

과학자의 비밀노트

우리 생활에서의 도르래의 이용

고정도르래 – 직접 물건을 들 때와 비교하면 힘의 크기는 바뀌지 않으나 방향을 바꿀 수 있다는 이점이 있다. 고정도르래는 우리 주변에서 우물에서 물을 길 때 사용하던 두레박, 국기 게양대, 헬스 기구 등에 사용되고 있다.

움직도르래 – 직접 물건을 들 때와 비교하면 힘의 방향은 바뀌지 않으나 힘의 크기를 절반 정도로 줄일 수 있다는 이점이 있다. 움직도르래는 우리 생활에서 대부분 고정도르래와 연결하여 복합 도르래로 사용되는 경우가 많은데, 엘리베이터, 기중기, 견인차, 지게차 등에 사용되고 있다.

만화로 본문 읽기

뭐 해적이 되고 싶다고? 자네 도르래에 대해선 잘 아나? 범선에선 도르래가 상상도 못할 만큼 많이 쓰이는 데 말이야.
어떻게 생긴 건지는 아는데….

도르래에는 크게 두 종류가 있다는 것 정도는 알겠지? 물체가 움직일 때도 움직이지 않는 고정도르래와 물체와 같이 움직이는 움직도르래가 있다네.
훅

드르르르..
고정도르래를 이용해서 내가 줄을 당기면 돛이 위로 올라가기 때문에 쉽게 돛을 달 수가 있지. 하지만 고정도르래를 이용할 경우에는 힘의 크기가 달라지지 않고, 힘의 방향을 바꾸는 데만 사용하지.

그에 반해 움직도르래는 물체를 들어 올릴 때마다 도르래도 같이 움직일 뿐 아니라 끈을 당기면 당긴 길이만큼 물체가 움직이지 않고 그 길이의 절반만큼 움직인다네.

움직도르래를 이용해 내가 물체를 들어 올릴 때 힘의 크기를 F라 하면 두 개의 끈이 물체의 무게를 지탱하므로 천장에 고정된 끈의 장력 역시 F가 된다네. 그러므로 2F가 물체의 무게와 평형을 이루게 되는 것이지.
F
F
2F

따라서 움직도르래를 사용하면 물체 무게의 반의 힘으로 물체를 들어 올릴 수 있게 된다네.
아하, 그럼 무거운 물건을 배에 실을 때 움직도르래를 사용하면 좋겠네요.

다섯 번째 수업

5

빗면의 원리

빗면을 사용하여 물체를 끌어올리면 무엇이 유리할까요?
빗면의 원리에 대해 알아봅시다.

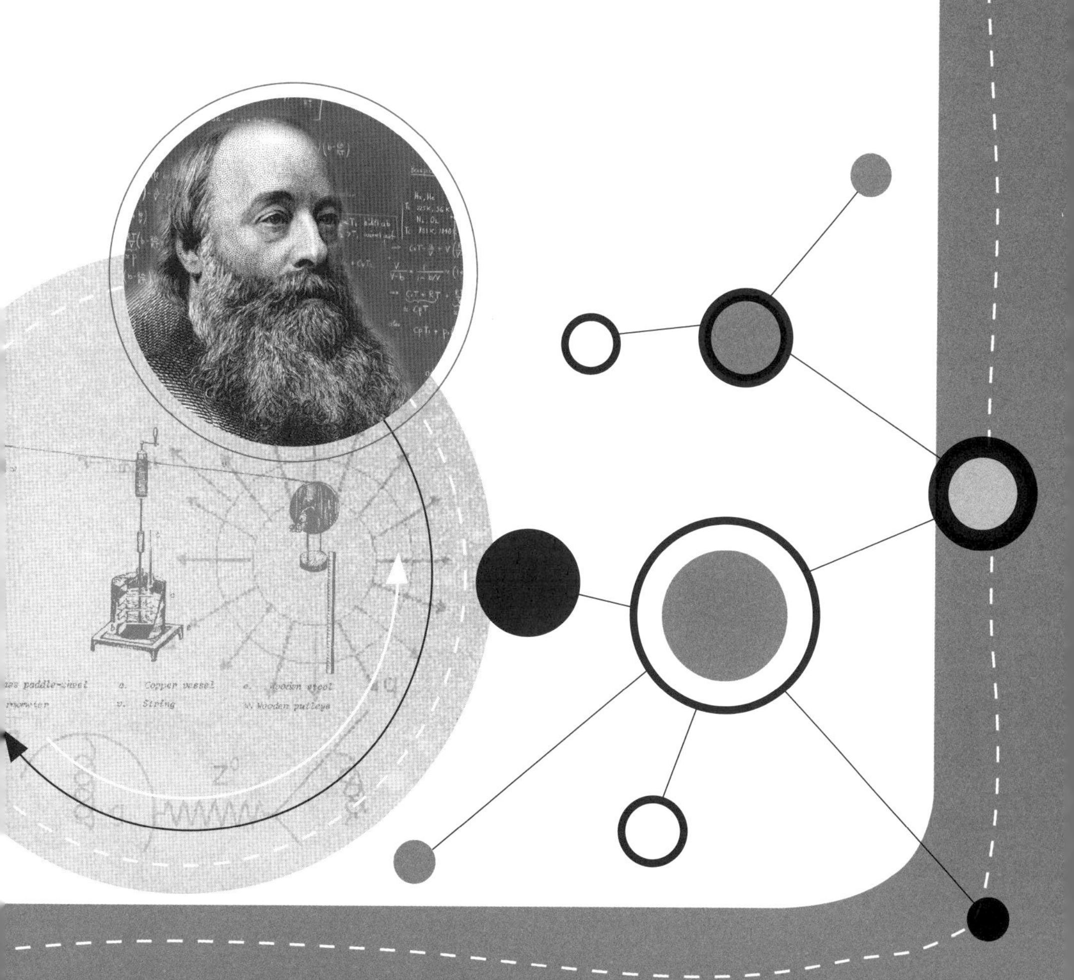

5

다섯 번째 수업

빗면의 원리

교과 연계

초등 과학 5-2	8. 에너지
초등 과학 6-2	6. 편리한 도구
중등 과학 3	2. 일과 에너지
고등 과학 1	2. 에너지
고등 물리 I	1. 힘과 에너지

줄이 빗면을 사용하여 물체를
이동시키는 문제를 생각해 보자며
다섯 번째 수업을 시작했다.

줄은 질량이 1kg인 물체에 끈을 매달았다. 그리고 끈을 잡아당겨 물체를 3m 들어 올렸다.

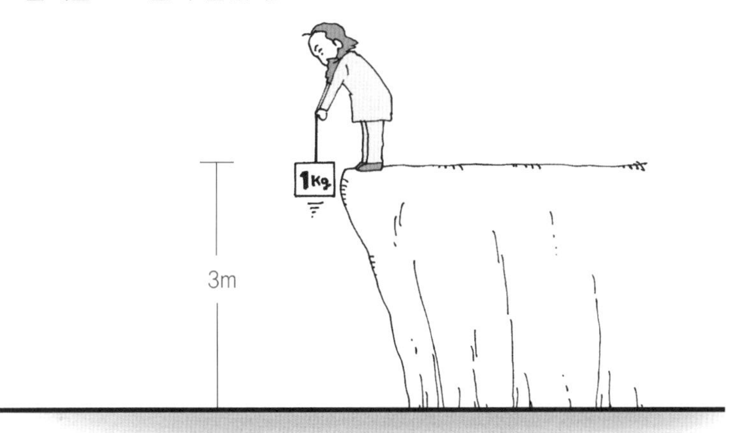

이때 물체의 무게는 10N이고 이동 거리는 3m이므로, 내가 끈을 당긴 힘이 한 일은 다음과 같습니다.

$10\text{N} \times 3\text{m} = 30\text{J}$ …… (1)

그럼 빗면을 따라 물체를 이동시키는 경우는 어떻게 될까요? 예를 들어, 다음 그림과 같은 빗면을 생각해 봅시다.

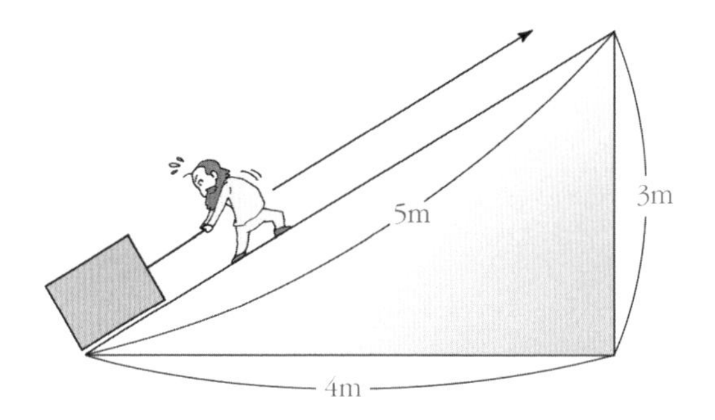

이때 물체가 올라간 높이는 똑같이 3m입니다. 하지만 물체를 빗면을 따라 끌어올렸고, 빗면의 길이는 5m이므로 물체를 끌어당기는 힘을 *F*라고 하면 이 힘이 한 일은 다음과 같이 구할 수 있습니다..

$F \times 5\text{m}$ …… (2)

그렇다면 똑바로 위로 물체를 3m 들어 올릴 때와 빗면을 따라 물체를 높이 3m 되는 곳까지 올리는 경우 언제 일의 양이 더 클까요? 결론부터 얘기하면 두 경우에 한 일의 양은 같습니다.

다음과 같이 빗면을 계단처럼 생각해 보기로 해요. 계단을 아주 많이 설치하고 계단의 높이를 아주 작게 하면 거의 빗면에 가까워지게 됩니다.

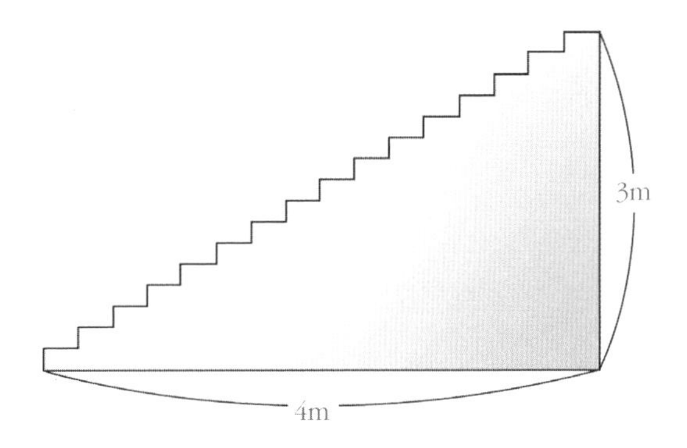

이 계단을 따라서 물체를 움직여 높이 3m 지점까지 올린다고 해 봅시다. 이때 수평으로 이동할 때에는 물체의 무게와 이동 방향이 수직이므로 아무런 일도 하지 않게 됩니다. 대신 계단을 수직으로 올라갈 때에는 물체의 무게만큼 힘을 작용해야 하고, 이 힘의 방향과 물체의 이동 방향이 나란하기 때문에 물체의 무게와 수직 방향의 길이의 곱에 해당하는

일을 하게 됩니다.

결국 모든 계단에 대해 일의 양을 더해 주면 수평으로 이동할 때에는 일의 양이 0이므로, 물체의 무게와 계단 높이를 모두 더한 값의 곱에 해당하는 일을 하게 됩니다.

계단 높이의 합은 바로 빗면의 수직 높이인 3m입니다. 그러므로 어떤 빗면을 따라 물체를 이동시키든지 물체를 3m 높이 지점까지 움직이는 데 필요한 일은 물체의 무게와 3m의 곱이 되어 같아집니다.

따라서 (1)과 (2)는 같아지지요. 그래서 우리는 다음과 같은 등식을 얻게 됩니다.

$$10\text{N} \times 3\text{m} = F \times 5\text{m}$$

이 식을 풀면 $F = 6\text{N}$이 되어 물체를 빗면을 따라 끌어올리는 데 필요한 힘은 물체를 같은 높이까지 들어 올리는 데 필요한 힘보다 작아집니다. 그러므로 빗면을 이용하면 작은 힘으로 물체를 같은 높이까지 끌어올릴 수 있습니다. 물론 이때 움직이는 거리는 길어지게 됩니다.

줄은 3m 높이의 벽에 널빤지를 대어 빗면을 만들었다. 빗면의 기울기가 급할 때 태호에게 빗면을 따라 물체를 밀고 올라가라고 했다. 태호는 아주 힘들어했다.

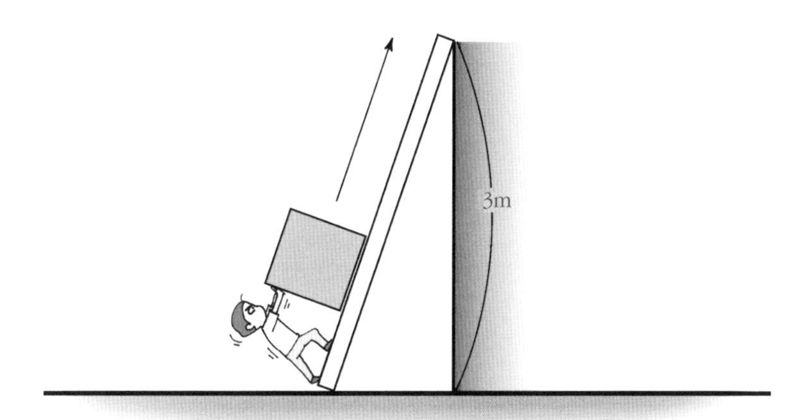

이렇게 빗면의 기울기가 급하면 큰 힘이 필요합니다.

줄은 널빤지를 완만하게 기울였다. 그러자 태호는 쉽게 빗면을 따라 짐을 밀고 올라갈 수 있었다.

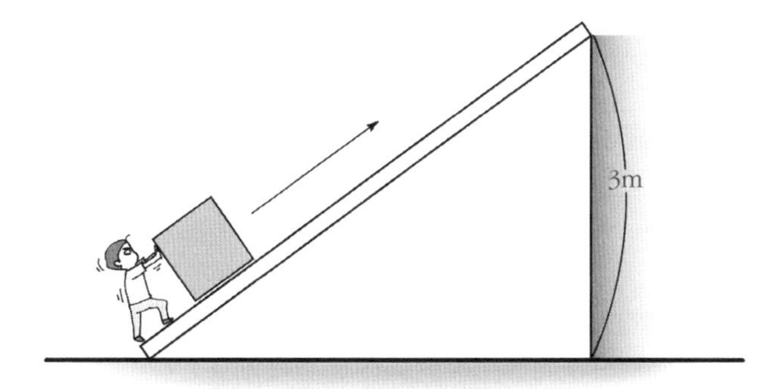

이렇게 빗면의 기울기가 완만하면 작은 힘이 필요합니다. 왜 그럴까요? 두 경우를 그려 보면 다음과 같습니다.

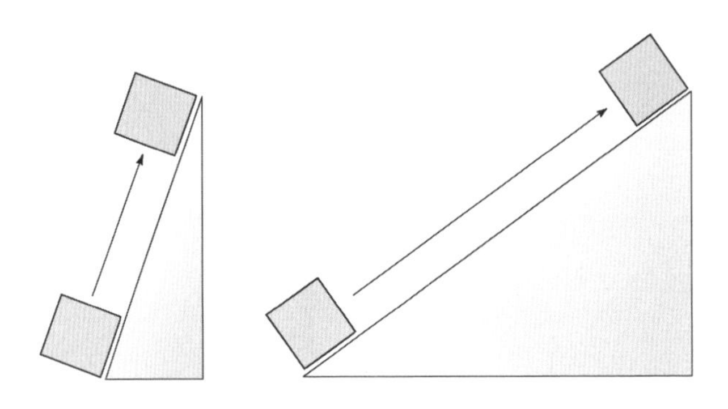

두 물체가 올라간 높이는 같으므로 두 경우에 한 일의 양은 같습니다. 하지만 빗면이 완만할 때에는 더 긴 거리를 움직이므로 작은 힘이 필요하게 됩니다.

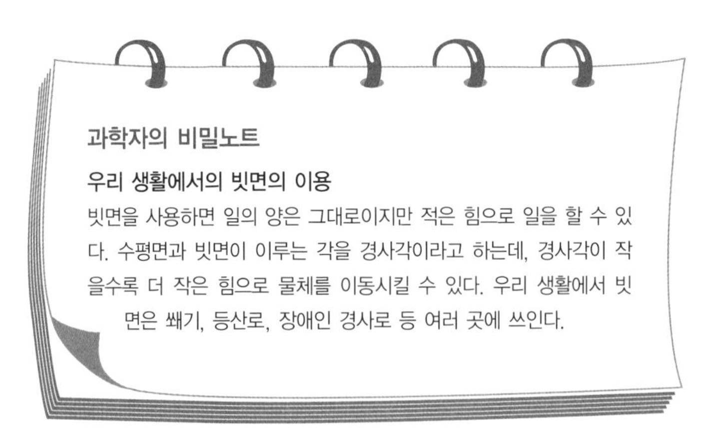

과학자의 비밀노트

우리 생활에서의 빗면의 이용

빗면을 사용하면 일의 양은 그대로이지만 적은 힘으로 일을 할 수 있다. 수평면과 빗면이 이루는 각을 경사각이라고 하는데, 경사각이 작을수록 더 작은 힘으로 물체를 이동시킬 수 있다. 우리 생활에서 빗면은 쐐기, 등산로, 장애인 경사로 등 여러 곳에 쓰인다.

만화로 본문 읽기

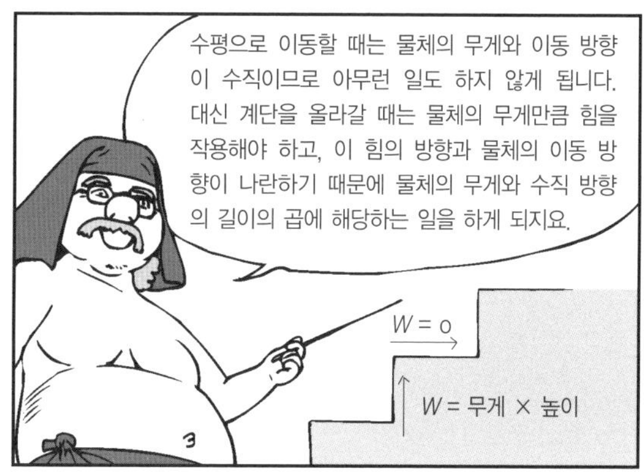

결국 모든 계단에 대해 일의 양을 더해 주면 수평으로 이동할 때는 일의 양이 0이므로, 물체의 무게와 계단 높이를 모두 더한 값의 곱에 해당하는 일을 하게 됩니다. 즉, 빗변을 따라 물체를 이동시키든지 수직으로 물체를 이동시키든 움직이는 데 필요한 일의 양은 같아지게 되지요.

그런데 빗변의 이동 거리가 수직 이동 거리보다 길면, 일의 양이 같기 위해선 힘이 작아져야 합니다. 따라서 빗변을 통해 이동하면 수직으로 움직였을 때보다 더 적은 힘을 필요로 하게 되는 것이죠.

여섯 번째 수업

6

축바퀴의 원리

자동차 핸들은 왜 크게 만들까요?
축바퀴의 원리에 대해 알아봅시다.

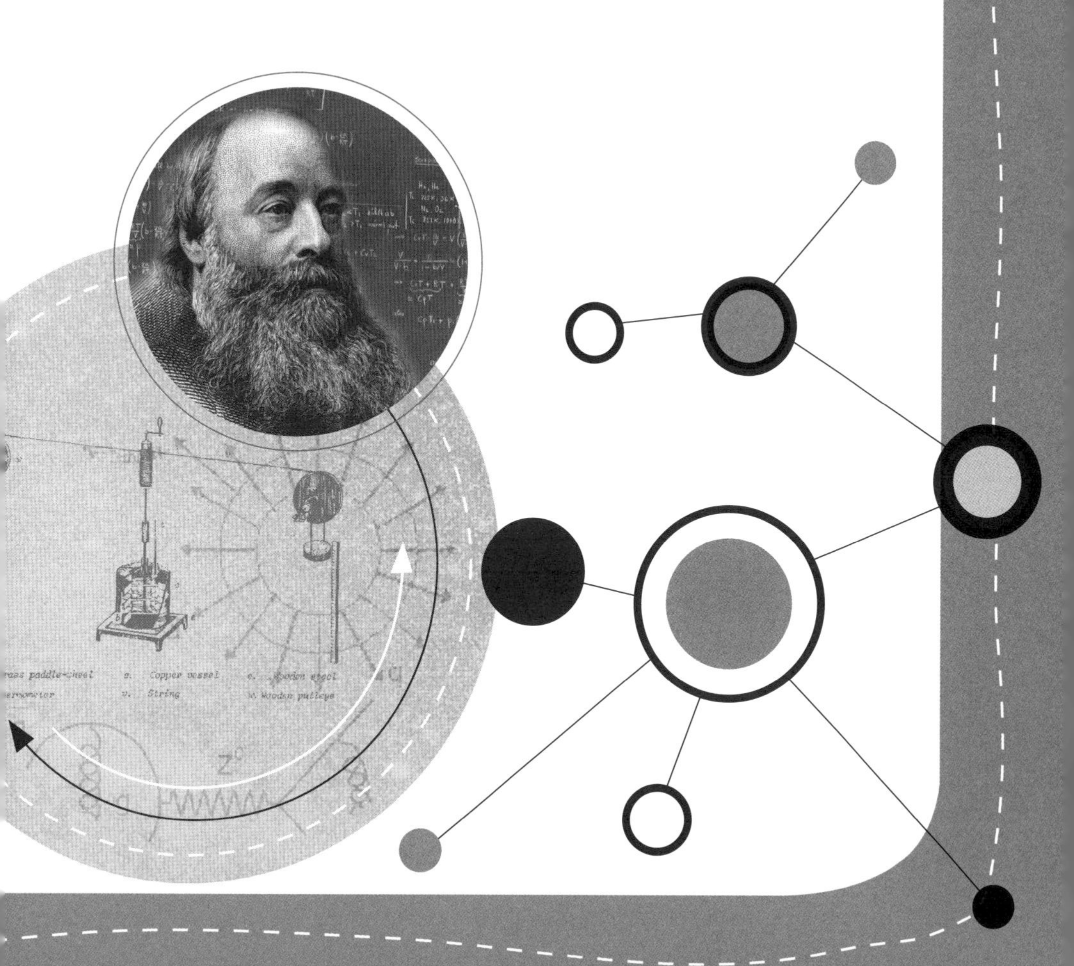

6

여섯 번째 수업

축바퀴의 원리

교.	초등 과학 6-2	6. 편리한 도구
과.	중등 과학 1	7. 힘과 운동
연.	중등 과학 3	2. 일과 에너지
계.	고등 과학 1	2. 에너지
	고등 물리 I	1. 힘과 에너지
	고등 물리 II	1. 운동과 에너지

줄이 축바퀴의 원리를 알기 위해 토크에 대해 설명하면서 여섯 번째 수업을 시작했다.

줄은 30cm 자의 한쪽 끝에 구멍을 뚫고 바닥에 박힌 못에 자를 끼웠다. 그리고 민지에게 구멍으로부터 30cm 되는 지점을 손으로 툭 치라고 했다.

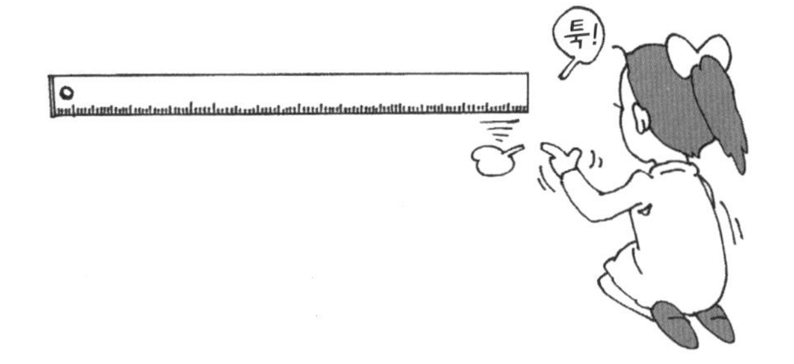

자가 돌아갔지요? 이렇게 회전을 일으키게 하는 물리량을 토크라고 합니다.

줄은 민지에게 좀 더 세게 쳐 보라고 했다. 자가 더 크게 돌아갔다.

자가 더 많이 돌아갔군요. 이때 우리는 '토크가 더 크다'고 합니다. 그러니까 다음과 같이 말할 수 있습니다.

토크는 힘에 비례한다.

이번에는 다른 실험을 해 보겠습니다.

줄은 진우에게 한 번은 구멍으로부터 5cm 지점을 치고, 또 한 번은 30cm 지점을 같은 힘으로 치게 했다. 그랬더니 30cm 지점을 쳤을 때 자가 더 크게 돌았다.

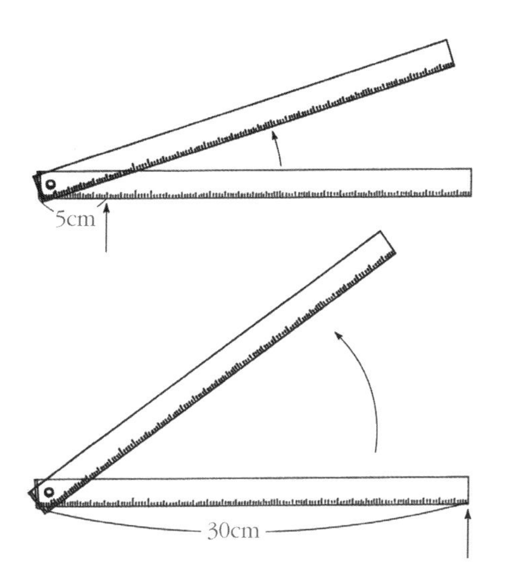

구멍에서 먼 쪽을 쳤을 때 회전이 많이 되었지요? 이는 구멍에서 먼 쪽에 힘이 작용했을 때 토크가 더 크다는 것을 뜻합니다. 이때 구멍은 자가 회전하는 중심입니다. 이곳을 회전축이라고 하지요. 그러므로 다음과 같이 말할 수 있습니다.

회전축으로부터 거리가 멀수록 토크가 크다.

따라서 다음과 같이 토크를 정의할 수 있습니다.

토크 = (힘) × (회전축으로부터의 거리)

물체의 회전은 토크와 관계가 있습니다. 이것은 우리가 문 손잡이를 회전축에서 가장 먼 곳에 설치하는 이유입니다. 그러면 작은 힘으로도 쉽게 문을 회전시킬 수 있지요.

축바퀴의 원리

이제 토크를 이용하여 축바퀴의 원리를 알아봅시다.

줄은 문의 손잡이를 돌려서 뜯어냈다. 그러자 반지름이 작은 쇠 원통이 나타났다. 줄은 진철이에게 원통을 돌려서 문을 열어 보라고 했다. 하지만 문은 잘 열리지 않았다.

문이 잘 열리지 않지요?

줄은 쇠 원통에 커다란 손잡이를 다시 돌려 끼웠다. 그리고 진철이에게 다시 문을 열어 보라고 했다. 진철이가 살짝 손잡이를 돌렸는데도 문은 쉽게 열렸다.

이번에는 문이 쉽게 열렸군요. 그러니까 문 손잡이는 그것과 연결된 가느다란 쇠 원통을 쉽게 돌릴 수 있게 설치한 장치죠. 그럼 왜 쇠 원통의 반지름보다 큰 원통을 손잡이로 사용할까요? 그것은 작은 힘으로 쇠 원통을 돌리게 하기 위해서입니다.

일반적으로 축바퀴는 다음 쪽의 오른쪽과 같은 모양입니다. 반지름이 작은 원통과 반지름이 큰 원통이 함께 붙어 있군요. 이때 큰 원통을 돌리면 작은 원통도 함께 회전합니다.

그리고 두 원통의 회전축은 같습니다. 두 원통은 붙어 있으므로 큰 원통에 어떤 힘을 작용했을 때 토크는 작은 원통에 작용한 토크와 같아집니다.

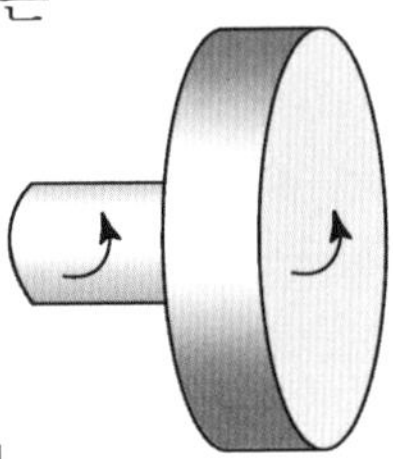

작은 원통의 반지름을 0.1m, 큰 원통의 반지름을 0.2m라고 하고, 큰 원통에 10N의 힘을 작용한다고 합시다. 이때 작은 원통에 작용하는 힘을 F라고 하여 F를 구해봅시다. 두 원통의 토크를 계산하면 다음과 같습니다.

큰 원통의 토크 = 10×0.2

작은 원통의 토크 = $F \times 0.1$

두 토크가 같으므로 $10 \times 0.2 = F \times 0.1$이 성립합니다. 이 식을 풀면 $F = 20$(N)이 되어 작은 원통에는 2배의 힘이 작용합니다. 그러므로 큰 원통을 작은 힘으로 돌려도 작은 원통은 큰 힘으로 돌아가게 되지요. 이것을 축바퀴의 원리라고 합니다.

자동차 핸들을 크게 만드는 것이나 드라이버에 반지름이 큰 원통형의 손잡이를 붙이는 것 등은 축바퀴의 원리를 이용한 것입니다.

과학자의 비밀노트

우리 생활에서의 축바퀴의 이용

축바퀴는 큰 바퀴의 반지름이 작은 바퀴의 반지름보다 커서 작은 힘으로 무거운 물체를 들거나 움직이게 하는 도구이다. 즉 축바퀴에는 지레의 원리가 이용된다. 우리 생활에서 축바퀴는 문의 손잡이, 자동차 핸들, 자전거 체인, 수도꼭지, 연필깎이, 드라이버 등 여러 곳에 쓰인다.

만화로 본문 읽기

작은 원통의 반지름을 r, 큰 원통의 반지름을 그 다섯 배인 $5r$라고 하세. 큰 원통에 10N의 힘을 작용한다고 하면 작은 원통에 작용하는 힘을 F라고 하고 F를 구해 보면 다음과 같이 되겠지?

큰 원통의 토크 $= 10(N) \times 5r$
작은 원통의 토크 $= F \times r$
두 토크가 같으므로 $10(N) \times 5r = F \times r$
이 식을 풀면 $F = 50(N)$

일곱 번째 수업

7

운동 에너지란 무엇인가요?

에너지는 일을 할 수 있는 능력입니다.
운동 에너지에 대해 알아봅시다.

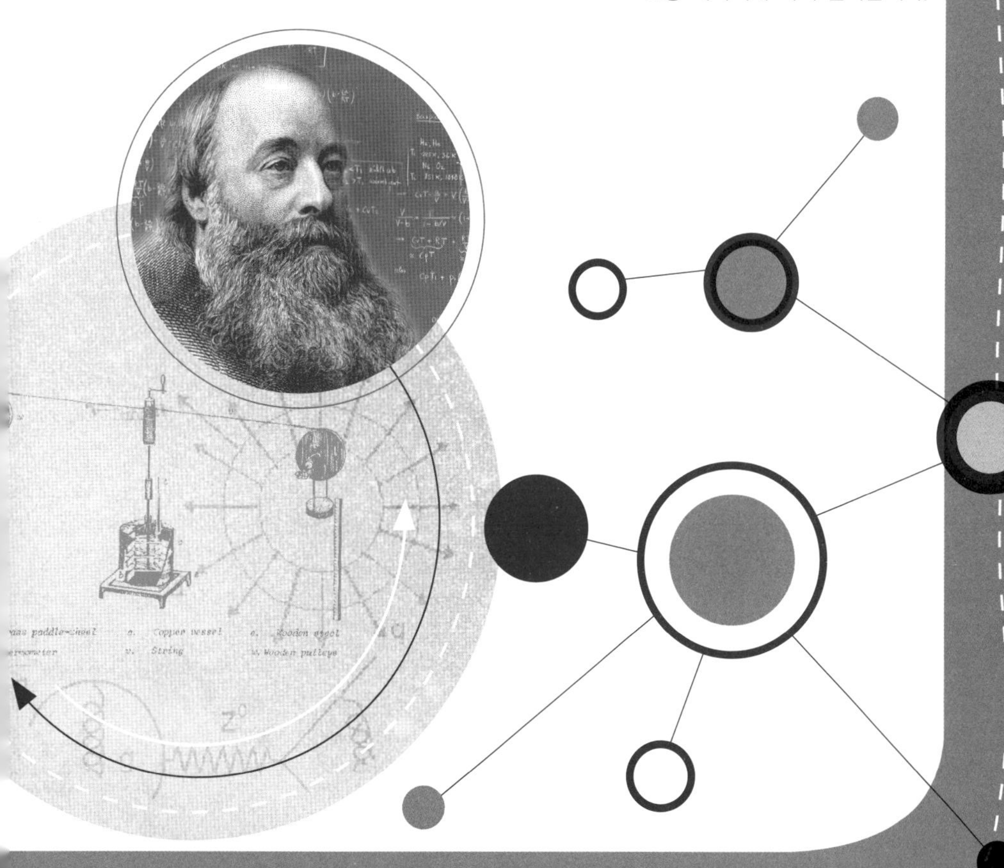

7

일곱 번째 수업

운동 에너지란 무엇인가요?

교과 연계		
	초등 과학 5-2	8. 에너지
	중등 과학 1	7. 힘과 운동
	중등 과학 3	2. 일과 에너지
	고등 과학 1	2. 에너지
	고등 물리 I	1. 힘과 에너지
	고등 물리 II	1. 운동과 에너지

줄이 운동장에서 일곱 번째 수업을 시작했다.

에너지는 일을 할 수 있는 능력입니다.

운동장에는 수레가 서 있었다. 줄은 은영이에게 인라인스케이트를 타고 천천히 달려와 수레를 밀어 보라고 했다.

수레가 3m 움직였습니다. 은영이가 빨리 달려와서 밀면 어떻게 될까요?

줄은 은영이에게 전속력으로 달려와 수레를 밀게 했다.

수레가 12m 움직였습니다. 그러므로 은영이가 빨리 뛰어와서 부딪칠 때 수레에 더 많은 일을 합니다. 은영이가 빨리 달렸다는 것은 은영이의 속도가 크다는 것을 의미합니다. 은영이의 속도가 클수록 수레에 더 많은 힘이 작용됩니다.

__그렇다면 속도가 일을 하게 만든 건가요?

그렇게 볼 수 있습니다. 속도가 있다는 것은 은영이가 운동하고 있다는 것을 말합니다. 이렇게 어떤 속도로 운동하는 물체가 일을 할 수 있는 능력을 운동 에너지라고 합니다. 따라서 다음과 같이 말할 수 있습니다.

속도가 클수록 운동 에너지가 크다.

운동 에너지가 속도하고만 관계있을까요? 그렇지는 않습니다.

줄은 영진이와 미나에게 같은 속도로 인라인스케이트를 타고 달려와 각각 수레를 밀게 했다. 영진이가 민 수레가 더 많이 움직였다.

영진이와 미나는 같은 속도로 달려와 수레를 밀었습니다. 그런데 왜 영진이가 민 수레가 더 많이 움직였을까요? 더 많

이 움직였다는 것은 더 많은 일을 했다는 것을 의미합니다. 두 사람의 차이는 뭘까요?

그것은 바로 질량입니다. 영진이의 질량은 50kg이고 미나의 질량은 30kg입니다. 그러므로 질량이 큰 영진이가 밀었을 때 수레에 많은 일을 하게 됩니다. 즉 질량이 클수록 일을 하게 하는 능력이 큽니다. 따라서 다음과 같이 정리할 수 있습니다.

질량이 클수록 운동 에너지가 크다.

물리학자들은 운동 에너지 E_k와 물체의 질량 m과 속력 v 사이에 $E_k = \frac{1}{2}mv^2$의 관계가 있다는 것을 알아냈습니다. 운동 에너지는 일을 할 수 있는 능력이므로, 단위는 일의 단위와 같은J입니다.

운동 에너지와 일의 관계

운동 에너지는 일과 어떤 관계가 있을까요?

예를 들어, 정지해 있던 질량 m인 물체를 힘 F로 밀었더니 시간 t 후에 물체가 거리 s만큼 이동했고 그때의 속도를 v라고 합시다.

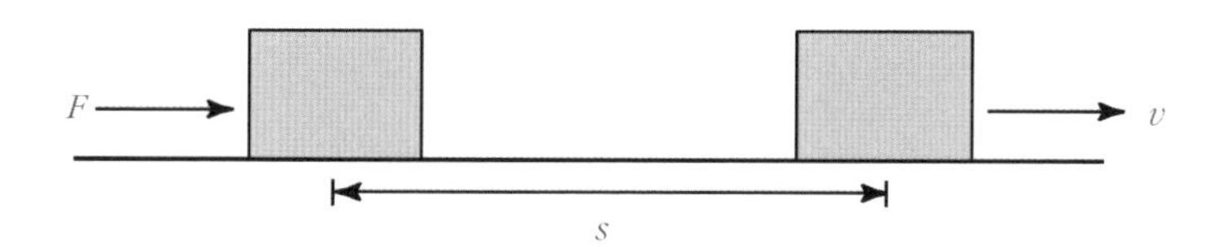

이런 경우 힘 F가 한 일은 $W=F\times s$가 됩니다. 이때 처음 물체의 운동 에너지는 0이고, 나중 운동 에너지는 $\frac{1}{2}mv^2$입니다. 그러므로 운동 에너지의 차는 $\frac{1}{2}mv^2$이 됩니다.

이 식은 다음과 같이 쓸 수 있습니다.

$$\frac{1}{2}mv^2 = m\times\frac{v}{2}\times v \cdots\cdots (1)$$

여기서 $\frac{v}{2}=\frac{0+v}{2}$이므로 이는 시간 t 동안 물체의 평균 속력입니다. 이때 물체가 움직인 거리가 s이므로

$$\frac{v}{2}=\frac{s}{t} \cdots\cdots (2)$$

가 되지요. (2)를 (1)에 대입하면

$$\frac{1}{2}mv^2 = m \times \frac{s}{t} \times v \cdots\cdots (3)$$

가 됩니다.

처음 속도는 0이고 나중 속도는 v이므로 이 물체의 가속도를 a라고 하면,

$$a = \frac{v-0}{t} \cdots\cdots (4)$$

가 됩니다. (4)를 (3)에 대입하면

$$\frac{1}{2}mv^2 = ma \times s$$

가 됩니다. 여기서 $ma = F$이므로

$$\frac{1}{2}mv^2 = F \times s = W$$

가 됩니다. 그러므로 다음과 같은 사실을 알 수 있습니다.

운동 에너지의 차이 = 힘이 한 일

만화로 본문 읽기

로봇마트
로봇을 사시려고요?
작업용 로봇이 하나 필요해서요.

저는 로봇 2에 비해 속도가 빠르고 질량이 커요.
저는 로봇 1보다 훨씬 좋은 두뇌 컴퓨터를 가지고 있어요.
그렇다면 로봇 1을 사야겠군.

박사님, 왜 로봇 1을 고르신 거예요?
일을 할 수 있는 능력이 더 좋기 때문이죠. 두 로봇이 수레를 민다고 생각해 봅시다.

수레를 밀 때 로봇의 속력이 클수록 더 많은 힘이 작용되지요. 물체가 운동할 수 있는 능력을 운동 에너지라고 하는데, 속도가 클수록 운동 에너지가 크답니다.
속력

또 같은 속도라도 질량이 클 때 더 많은 일을 하지요. 그래서 물체의 질량이 클 때도 운동 에너지가 크답니다.
질량이 큰 로봇
같은 속도
출발점
질량이 작은 로봇

아~, 박사님은 일을 할 수 있는 능력인 운동 에너지를 보고서 결정하신 거군요
바로 그거예요.

여덟 번째 수업

8

위치 에너지란 무엇인가요?

위치 에너지에는 중력에 의한 위치 에너지와
탄성력에 의한 위치 에너지가 있습니다.
위치 에너지에 대해 알아봅시다.

8

여덟 번째 수업

위치 에너지란 무엇인가요?

교.
과.
연.
계.

초등 과학 5-2	8. 에너지
중등 과학 1	7. 힘과 운동
중등 과학 3	2. 일과 에너지
고등 과학 1	2. 에너지
고등 물리 I	1. 힘과 에너지
고등 물리 II	1. 운동과 에너지

줄이 위치 에너지의
두 가지 종류를 이야기하며
여덟 번째 수업을 시작했다.

중력에 의한 위치 에너지

위치 에너지에는 중력에 의한 위치 에너지와 탄성력에 의한 위치 에너지가 있습니다. 먼저 중력에 의한 위치 에너지에 대해 알아보겠습니다.

줄은 높이가 같은 2개의 나무판에 못을 박았다. 2개의 나무판에 박힌 못의 튀어나온 부분의 길이는 10cm였다. 줄은 첫 번째 나무판을 놓고 10cm 높이에서 쇳덩어리를 떨어뜨렸다.

못이 조금 들어갔군요. 못의 튀어나온 부분의 길이가 얼마죠?

__9.8cm입니다.

그렇다면 못이 0.2cm 들어간 거군요. 이번에는 좀 더 높은 곳에서 쇳덩어리를 떨어뜨려 봅시다.

줄은 다른 판을 가지고 왔다. 그리고 20cm 높이에서 같은 쇳덩어리를 떨어뜨렸다.

못이 좀 더 많이 들어갔군요. 이번에는 못의 튀어나온 부분

의 길이가 얼마죠?

__9.6cm입니다.

그렇다면 못이 0.4cm 들어간 거군요.

못이 더 깊이 들어갔다는 것은 못이 한 일이 더 커졌다는 것을 뜻합니다. 물론 그 일은 쇳덩어리가 공급한 일입니다. 그러므로 쇳덩어리가 높은 곳에 있다는 것은 일을 할 수 있는 능력이 크다는 것을 의미하지요.

이렇게 높이가 가지는 일을 할 수 있는 능력을 위치 에너지라고 합니다. 물론 위치 에너지의 단위 역시 일의 단위인 J입니다. 높이를 2배로 했을 때 일의 양이 2배가 되었으므로 다음과 같이 정리할 수 있습니다.

위치 에너지는 높이에 비례한다.

위치 에너지는 높이하고만 관계있을까요? 그렇지는 않습니다.

줄은 다시 못의 튀어나온 부분이 10cm인 나무판을 2개 준비했다. 그리고 하나의 나무판에는 질량이 1kg인 쇳덩어리를, 다른 판에는 질량이 2kg인 쇳덩어리를 같은 높이에서 각각 떨어뜨렸다.

질량이 1kg인 쇳덩어리를 떨어뜨렸을 때 못의 튀어나온 부분의 길이는 얼마죠?

_9.8cm입니다.

질량이 2kg인 쇳덩어리를 떨어뜨렸을 때 못의 튀어나온 부분의 길이는 얼마죠?

_9.6cm입니다.

그렇다면 무거운 쇳덩어리를 떨어뜨렸을 때 못이 더 깊이 들어갔군요. 즉, 못이 한 일의 양이 더 큽니다. 그러므로 질량이 큰 물체가 일을 할 수 있는 능력이 큽니다. 따라서 다음과 같이 말할 수 있습니다.

위치 에너지는 질량에 비례한다.

결국 위치 에너지는 질량과 높이에 비례한다는 사실을 우리는 알았습니다.

물리학자들은 높이 h인 곳에 질량 m인 물체가 있을 때 이 물체의 위치 에너지 E_p를 다음과 같이 정리했습니다.

$$E_p = 10 \times m \times h$$

물도 질량을 가지고 있으므로 높은 곳에 있는 물은 큰 위치 에너지를 가집니다. 물이 내려와서 물레방아와 부딪치면 위치 에너지가 물레방아를 돌리는 일을 하지요. 이것을 이용하여 전기를 만드는 것이 바로 수력 발전입니다.

탄성력에 의한 위치 에너지

이번에는 탄성력에 의한 위치 에너지에 대해 알아보겠습니다.

줄은 용수철을 벽에 매달고 한쪽 끝을 2cm 압축했다.

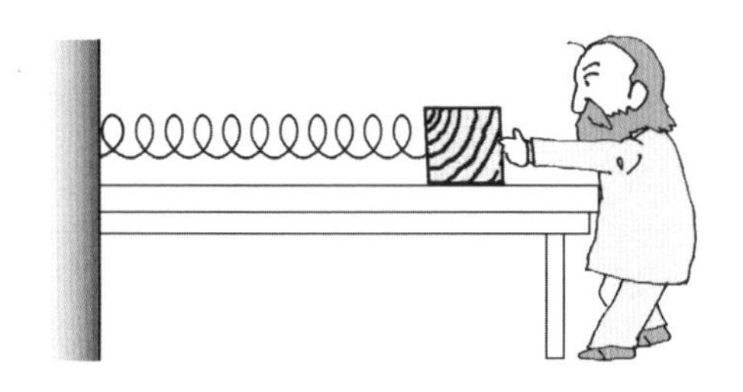

줄이 손을 떼자 용수철은 원래의 길이로 되돌아왔다.

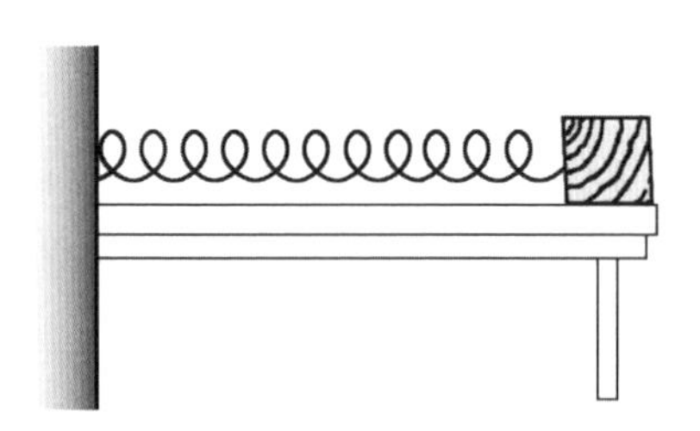

내가 손을 떼었을 때 용수철은 다시 원래의 길이로 돌아가게 됩니다. 이렇게 용수철이 원래의 길이로 되려는 힘을 용수철의 탄성력이라고 합니다.

줄은 천장에 용수철을 고정한 다음, 그 끝에 질량이 1kg인 추를 매달았다. 용수철은 2cm 늘어난 후 정지하였다.

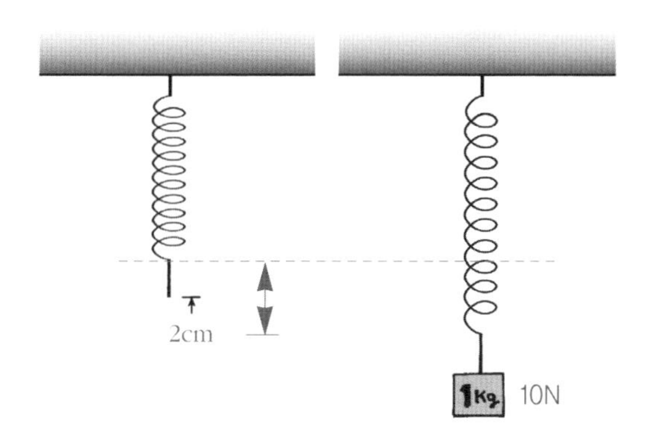

추가 가만히 있지요? 그것은 추에 작용하는 합력이 0이기 때문이지요. 추는 아래로 향하는 10N의 무게(중력)를 받습니다. 그리고 용수철이 늘어났기 때문에 원래의 길이로 되려는 용수철의 탄성력은 위로 향하는 방향입니다. 이 두 힘이 평형을 이루어 추가 정지해 있는 것입니다. 따라서 용수철의 탄성력은 10N임을 알 수 있습니다.

줄은 질량이 2kg인 추를 매달았다. 이때 용수철은 4cm 늘어난 후 정지하였다.

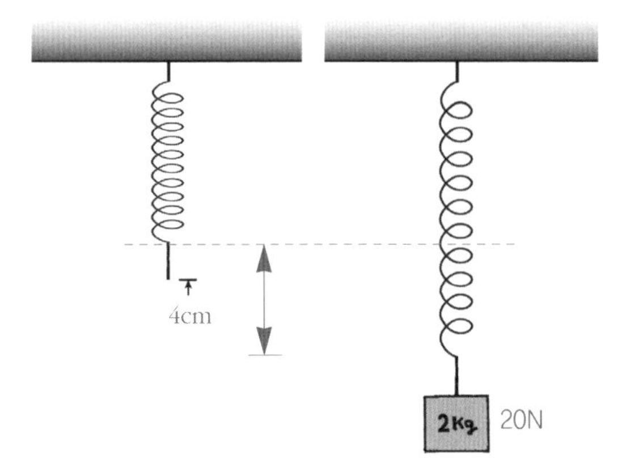

용수철이 늘어난 길이가 2배가 되었군요. 이때 추의 무게는 20N이므로 용수철의 탄성력은 20N이 됩니다.

즉, 용수철의 탄성력이 10N일 때에는 늘어난 길이가 2cm이고 탄성력이 20N일 때에는 늘어난 길이가 4cm이므로 탄성력과 용수철의 늘어난 길이 사이에는 비례 관계가 성립합니다.

용수철의 탄성력을 F, 늘어나거나 줄어든 길이를 x라 하면, $F = kx$가 성립하지요. 이때 k는 용수철 상수라고 합니다.

따라서 용수철을 x만큼 압축하면 용수철은 원래의 길이가 될 때까지 거리 x만큼을 움직여야 합니다. 그러므로 압축되어 있거나 팽창해 있는 용수철은 일을 할 수 있는 능력을 가지고 있는데, 이것을 용수철의 탄성력에 의한 위치 에너지라고 합니다. 다음 그림을 봅시다.

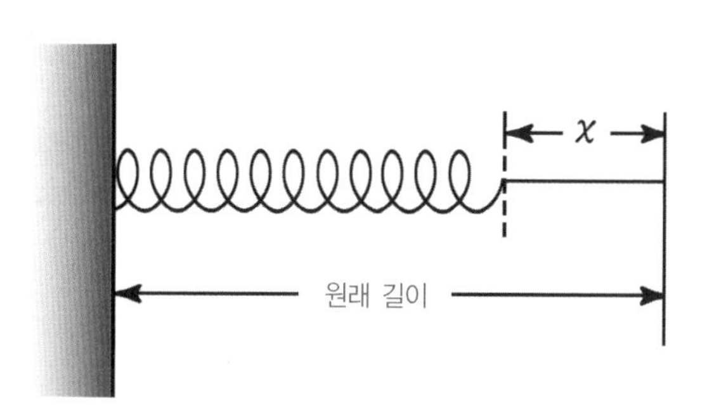

용수철 상수를 k라고 하면 용수철이 x만큼 압축되어 있을 때 탄성력은 kx이고 원래의 길이로 되돌아가면서 압축된 길이가 줄어드니까 탄성력도 줄어들게 됩니다.

그리하여 원래의 길이가 되면 압축된 길이가 0이므로 탄성력은 0이 되지요. 즉, 용수철이 x만큼 움직이는 동안 탄성력은 kx에서 0으로 변합니다.

그러므로 두 힘의 평균은 $\frac{kx+0}{2}$이 되고, 이 힘으로 거리 x만큼을 이동할 때의 일은 $\frac{kx+0}{2} \times x = \frac{1}{2}kx^2$이 됩니다. 따라서 다음의 식이 성립합니다.

탄성력에 의한 위치 에너지 = $\frac{1}{2}kx^2$

그러므로 많이 압축 또는 팽창되어 있는 용수철이 위치 에너지가 큽니다. 그만큼 일을 할 수 있는 능력이 크다는 뜻입니다.

만화로 본문 읽기

못이 너무 안 들어가네.
무얼 하고 있나요?

나무판에 못이 10cm 튀어나와 있는데, 쇠망치질 한 번에 0.2cm밖에 안 들어갔어요.
들고 있는 망치 머리 부분을 지금보다 높이 올려서 망치질을 해 보세요.
0.2cm
10cm

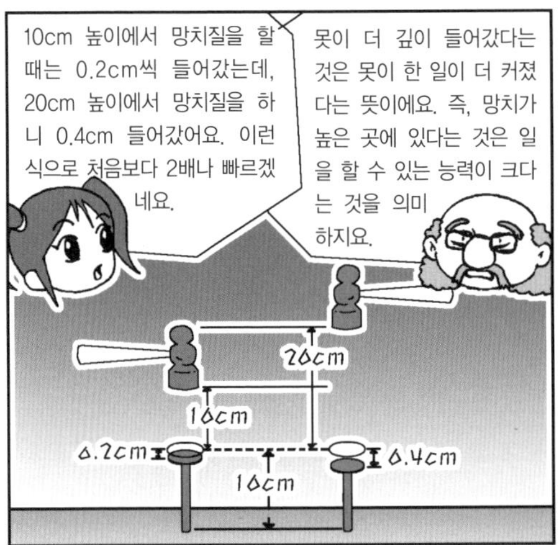

10cm 높이에서 망치질을 할 때는 0.2cm씩 들어갔는데, 20cm 높이에서 망치질을 하니 0.4cm 들어갔어요. 이런 식으로 처음보다 2배나 빠르겠네요.
못이 더 깊이 들어갔다는 것은 못이 한 일이 더 커졌다는 뜻이에요. 즉, 망치가 높은 곳에 있다는 것은 일을 할 수 있는 능력이 크다는 것을 의미하지요.
20cm
10cm
0.2cm
0.4cm
10cm

이렇게 높이가 가지는 일을 할 수 있는 능력을 위치 에너지라고 부른답니다.
방금 망치의 높이를 두 배로 했을 때 일의 양이 2배가 되었으니까, 위치 에너지는 높이에 비례를 하겠네요?
위치 에너지가 크다
위치 에너지가 작다

맞아요. 위치 에너지는 높이뿐만 아니라 질량하고도 비례해요. 같은 높이라 해도 망치의 쇳덩이 부분을 질량이 큰 것으로 바꾸면 일할 수 있는 능력이 커지게 되지요.
위치 에너지가 작다
위치 에너지가 크다
같은 높이

물리학자들은 높이 h인 곳에 질량 m인 물체가 있을 때 이 물체의 위치 에너지 V를 다음과 같이 정리했답니다.
위치 에너지를 잘 이용하면 못 박는 일이 훨씬 쉬워지겠네요.
V = 10 × m × h

마지막 수업 9

에너지는 보존될까요?

위치 에너지와 운동 에너지를 합쳐 역학적 에너지라고 합니다.
역학적 에너지 보존 법칙에 대해 알아봅시다.

9

마지막 수업

에너지는 보존될까요?

교과연계		
교.	초등 과학 5-2	8. 에너지
과.	중등 과학 1	7. 힘과 운동
연.	중등 과학 3	2. 일과 에너지
계.	고등 과학 1	2. 에너지
	고등 물리 I	1. 힘과 에너지
	고등 물리 II	1. 운동과 에너지

줄이 탑에 올라가서 마지막 수업을 시작했다.

오늘은 에너지 보존 법칙에 대한 수업을 하겠습니다.

줄이 질량이 1kg인 물체를 들고 45m 높이의 탑에 올라갔다.

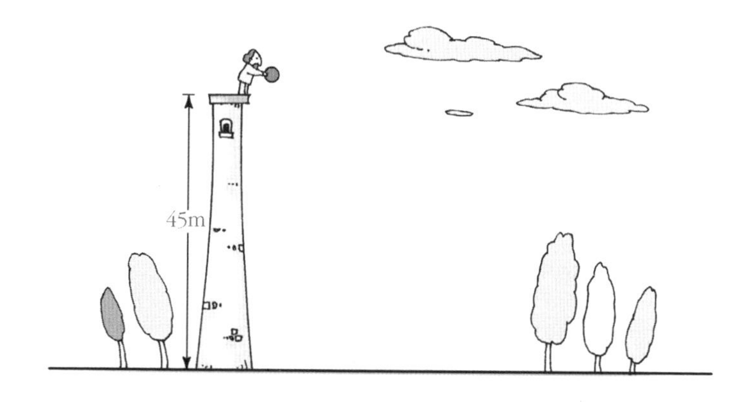

이 물체는 정지해 있으므로 속도는 0입니다. 그러므로 운동 에너지는 0이지요. 그리고 땅바닥으로부터 높이가 45m이므로 위치 에너지는 $1 \times 10 \times 45 = 450$(J)이 됩니다.

우리가 알고 있는 위치 에너지와 운동 에너지를 합쳐서 역학적 에너지라고 합니다.

역학적 에너지 = 운동 에너지 + 위치 에너지

따라서 이때 역학적 에너지는 0 + 450J = 450J입니다.

줄은 물체를 떨어뜨리고 1초마다 물체의 위치와 속도를 구했다.

1초 후의 상태를 보기로 하지요.

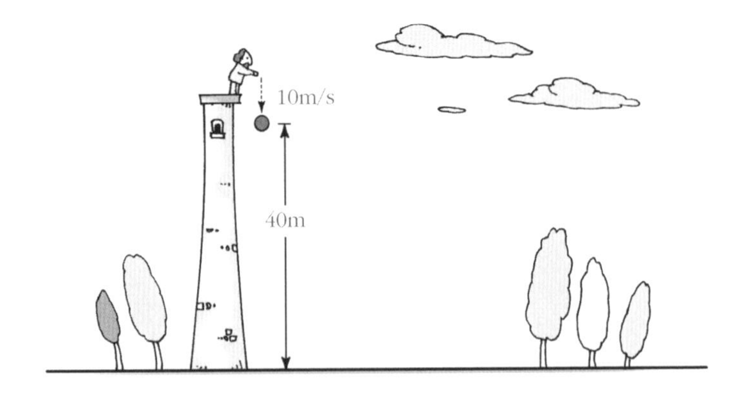

낙하한 거리는 5m이고 속도는 10m/s입니다. 따라서 바닥으로부터 물체의 높이는 40m이므로, 이때 물체의 운동 에너지와 위치 에너지는 다음과 같습니다.

위치 에너지 $= 1 \times 10 \times 40 = 400(\mathrm{J})$

운동 에너지 $= \frac{1}{2} \times 1 \times 10^2 = 50(\mathrm{J})$

따라서 역학적 에너지는 $400 + 50 = 450(\mathrm{J})$이 되어 처음과 같아진다는 것을 알 수 있습니다. 이것을 에너지 보존 법칙이라고 합니다.

2초 후의 상태를 봅시다.

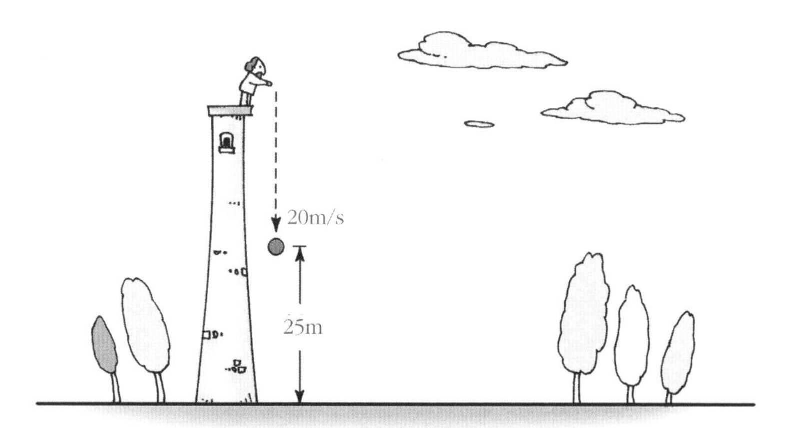

낙하한 거리는 20m이고 속도는 20m/s가 되지요. 따라서 바닥으로부터 물체의 높이는 25m이므로 이때 물체의 운동 에너지와 위치 에너지는 다음과 같습니다.

위치 에너지 $= 1 \times 10 \times 25 = 250$ (J)

운동 에너지 $= \frac{1}{2} \times 1 \times 20^2 = 200$ (J)

따라서 역학적 에너지는 $250 + 200 = 450$(J)이 되어 처음과 같아진다는 것을 알 수 있습니다. 즉, 에너지 보존 법칙이 성립합니다.

그럼 0초 때, 1초 때, 2초 때를 함께 그려 보겠습니다.

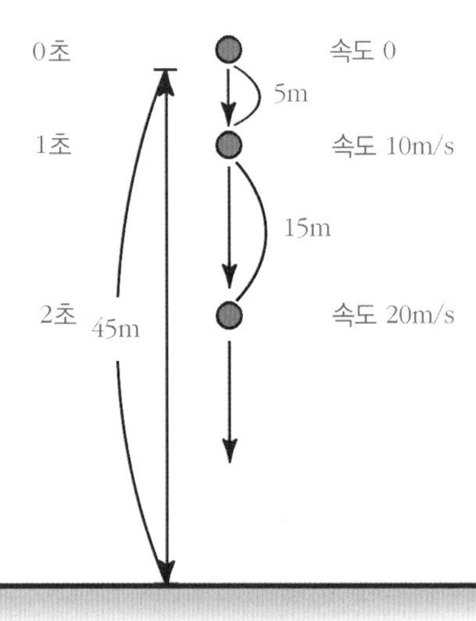

높이가 낮아지므로 위치 에너지는 점점 줄어들고 있습니다. 하지만 속도가 빨라지므로 운동 에너지는 점점 커집니다. 이때 두 에너지의 합은 항상 일정합니다. 그러므로 높은 곳에서 물체가 떨어질 때 줄어든 위치 에너지만큼 운동 에너지가 늘어난다는 것을 알 수 있습니다.

이것을 이용하면 빗면에서 굴러내려 오는 물체가 바닥에 닿는 순간의 속도를 알 수 있습니다.

줄은 높이가 5m인 빗면 위에서 질량이 1kg인 공을 굴렸다. 공은 점점 빨라지면서 바닥에 도착했다.

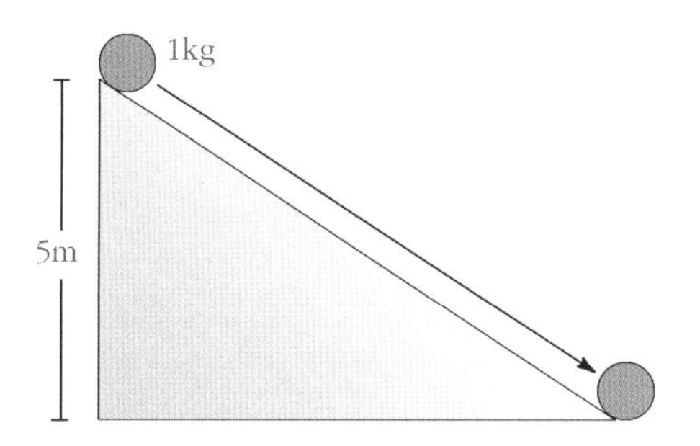

이제 바닥에서의 공의 속도를 에너지 보존 법칙을 이용하여 구해 보겠습니다.

공이 꼭대기에 있을 때 정지해 있었으므로 운동 에너지는 0입니다. 이곳의 높이는 바닥으로부터 5m이므로 위치 에너

지는 $1\times10\times5=50$(J)입니다. 그러므로 이 공의 처음 역학적 에너지는 50J이지요.

공이 바닥에 도착하면 높이가 0이므로 위치 에너지는 0이 됩니다. 이때 속도를 v라고 하면 운동 에너지는 $\frac{1}{2}\times1\text{kg}\times v^2$이 되므로 역학적 에너지는 $\frac{v^2}{2}$J이 됩니다.

꼭대기와 바닥에서의 역학적 에너지 보존 법칙이 성립하므로, $50\text{J}=\frac{v^2}{2}\text{J}$이 되므로 $v^2=100$이 되어 $v=10$(m/s) 가 됩니다.

이렇게 빗면에서 내려오는 물체는 높은 곳에서 내려올수록 바닥에서의 속도가 커지게 되지요.

바이킹의 원리

이번에는 역학적 에너지 보존 법칙을 직접 느껴 봅시다.

줄은 학생들과 함께 놀이 동산으로 가서 바이킹을 탔다. 바이킹이 위로 올라갔다 내려오면서 학생들은 비명을 질렀다.

바이킹은 바로 역학적 에너지 보존 법칙을 이용한 놀이 기구입니다.

바이킹이 가장 높은 곳에 있을 때는 위치 에너지가 가장 크고 운동 에너지는 0이 됩니다. 바이킹은 아래로 내려오면서 위치 에너지는 점점 작아지고 운동 에너지는 점점 커지게 되지요. 그러니까 속도가 빨라지게 됩니다.

바이킹이 가장 낮은 곳에 오게 되면 위치 에너지가 0이 되므로 이때 운동 에너지는 최대가 됩니다. 그러므로 이때 바이킹의 속도는 최대가 되지요. 우리는 이 속도를 즐기는 것입니다.

용수철과 관련된 문제

우리는 위치 에너지의 종류 중 용수철의 탄성력에 의한 위치 에너지도 있다고 배웠습니다.

그럼 용수철에 매달린 물체의 운동은 어떻게 될까요?

줄은 벽에 붙어 있는 용수철에 질량이 0.2kg인 나무토막을 매달아 놓았다. 그리고 용수철을 10N의 힘으로 잡아당겼더니 용수철이 2cm 늘어났다.

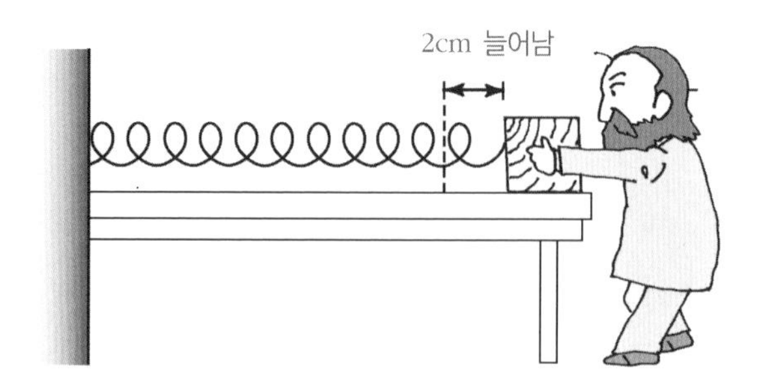

용수철을 10N으로 잡아당겨 2cm가 늘어났으므로 이때 용수철 상수를 k라고 하면, $10 = k \times 2$가 되어 $k = 5$(N/cm)가 됩니다.

줄은 나무토막을 벽 쪽으로 밀어 용수철을 10cm 압축시켰다가 놓았다. 처음 정지해 있던 용수철이 점점 빨라지더니 용수철이 원래의 길이로 되는 순간에 가장 빨라졌다.

이 현상은 바로 역학적 에너지 보존 법칙의 결과입니다.

처음 상태 때는 나무토막이 정지해 있으므로 나무토막의 운동 에너지는 0입니다. 이때 용수철이 10cm 압축되어 있었으므로 용수철은 탄성력에 의한 위치 에너지를 가지게 됩니다. 압축된 길이가 x일 때 위치 에너지는 $\frac{1}{2}kx^2$입니다. 이것의 단위가 J이 되려면 cm 대신 m라는 단위를 사용해야 합니다.

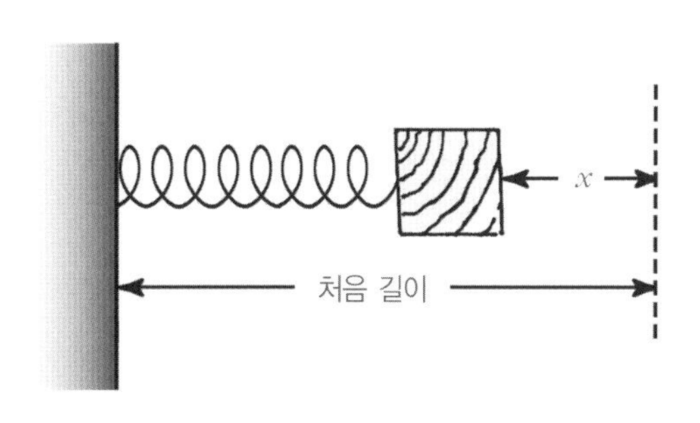

$k = 5(\mathrm{N/cm}) = 500(\mathrm{N/m})$

$x = 10\mathrm{cm} = 0.1\mathrm{m}$

그러므로 위치 에너지는 $\frac{1}{2} \times 500 \times 0.1^2 = 2.5(\mathrm{J})$이 됩니다. 이때 역학적 에너지는 2.5J이 됩니다.

이번에는 용수철이 원래의 길이가 되는 순간을 봅시다.

이때 탄성력에 의한 위치 에너지는 0이므로 운동 에너지가 생기게 됩니다.

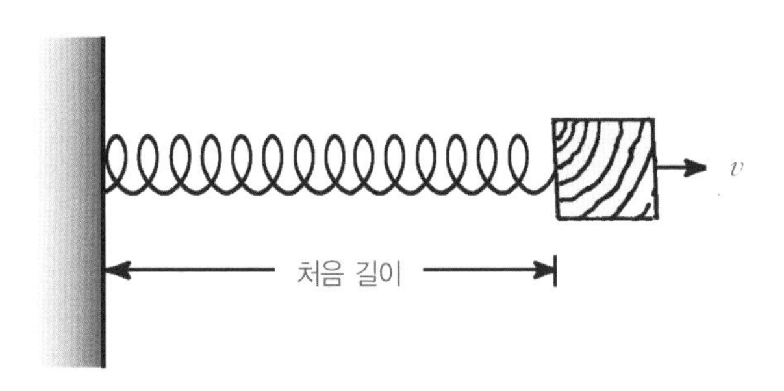

나무토막의 질량은 0.2kg이므로 이때의 속도를 v라고 하면 나무토막의 운동 에너지는 $\frac{1}{2} \times 0.2 \times v^2$이 됩니다. 그러므로 이때 역학적 에너지는 $\frac{1}{2} \times 0.2 \times v^2$이 됩니다.

두 경우에 대해 역학적 에너지 보존 법칙을 사용하면 다음과 같습니다.

$$2.5\,\text{J} = \frac{1}{2} \times 0.2 \times v^2$$

$$25 = v^2$$

$$v = 5(\text{m/s})$$

즉, 이 나무토막은 용수철이 원래의 길이가 될 때 5m/s라는 가장 큰 속도를 가집니다.

만화로 본문 읽기

으아, 또 졌다.
다음에는 연습 좀 하고 와서 덤비라고.

내 공이 골인 지점에 닿는 순간의 속도를 알 수 있을까?
에너지 보존 법칙을 이용하면 굴러내려 오는 공이 바닥에 닿는 순간의 속도를 알 수 있어요. 높은 데서 물체가 떨어질 때 줄어든 위치 에너지만큼 운동 에너지는 점점 커지지요.

5m 높이에서 질량이 1kg인 공을 굴리면 꼭대기에 있을 때는 운동 에너지는 0이에요. 또 위치 에너지는 1×10×5=50(J)이지요. 그래서 이 공의 처음 역학적 에너지는 50J이에요.
운동 에너지 = 0
위치 에너지 = 1×10×5=50(J)
1kg
5m

공이 바닥에 도착하면 높이가 0이므로 위치 에너지는 0이에요. 이때 속도를 v라고 하면 운동 에너지와 역학적 에너지는 다음과 같지요.
운동 에너지 = $\frac{1}{2} \times 1 \times v^2$
역학적 에너지 = $\frac{1}{2} \times 1 \times v^2$

꼭대기와 바닥에서의 역학적 에너지 보존 법칙을 쓰면 공의 속도는 10m/s가 되지요.
$50 = \frac{1}{2} \times 1 \times v^2$
$v^2 = 100$
$v = 10(m/s)$
5m
10m/s

이렇게 빗변에서 내려오는 물체는 높은 곳에서 내려올수록 바닥에서의 속도가 커지게 된답니다.
다른 공도 가지고 와서 속도를 재 봐야겠어요.

부 록

007 에너지 대작전

이 글은 저자가 창작한 과학 동화입니다.

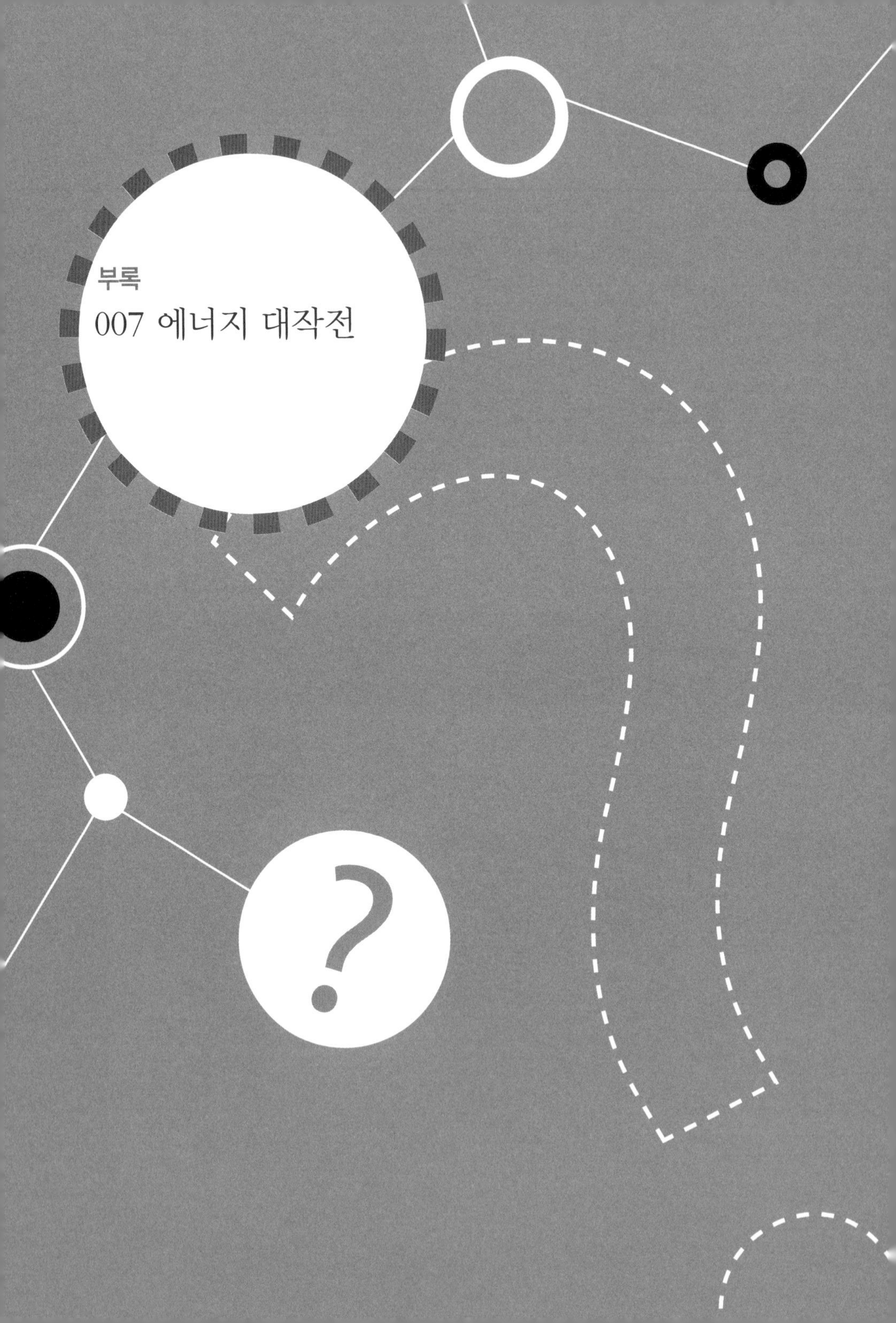

부록

007 에너지 대작전

여기는 영국 런던
국제 첩보부 건물

"007, 지금 당장 파리로 가게."

파이프를 입에 문 50대 남자가 말했습니다. 이 남자는 국제 첩보부를 지휘하고 있는 베크만입니다. 007은 영국 첩보부의 특수 공작원으로, 지금까지 모든 사건들을 실수 없이 처리해 왔습니다.

"무슨 임무죠?"

007이 물었습니다.

"지구 파괴 단체가 움직이기 시작했네. 파리 개선문을 폭파하겠다고 하는군. 개선문은 하루에도 수십만 명의 관광객이 모이는 곳이야. 자네가 그 폭파를 막아 주게."

베크만이 담담한 표정으로 말했습니다.

"지구 파괴 단체라면 ……, 테로우?"

007이 놀란 눈으로 물었습니다. 애꾸눈 테로우는 잔인하기로 악명이 높았습니다.

007은 파리로 향하는 비행기를 탔습니다. 비행기는 잠시 후 파리 드골 공항에 도착했습니다. 공항을 빠져나온 007에게 20대의 아가씨가 가까이 왔습니다.

그녀는 007의 귀에 대고 나지막이 속삭였습니다.

"007이죠?"

"그렇습니다."

007도 주위를 둘러보고는 조용히 대답했습니다.

"당신을 도와줄 제시카입니다. 국제 첩보부 소속이죠."

제시카는 007을 차에 태우고 개선문으로 향했습니다.

007은 파리 경찰의 협조를 얻어 개선문으로 가는 지하 통로를 모두 폐쇄했습니다. 관광객들은 영문도 모른 채 파리 경찰의 지시를 따라 개선문에서 나왔습니다.

12시 정각.

테로우가 약속한 시간입니다. 하지만 개선문은 폭발하지 않았습니다. 그때 경찰 한 명이 007에게 다가와 말했습니다.

“크루젤 개선문이 폭파되었습니다.”

“크루젤 개선문? 그건 뭐죠?”

007이 물었습니다.

“파리에는 개선문이 3개 있습니다. 라데팡스에 있는 신개선문과 이곳의 개선문, 그리고 루브르 박물관 앞에 있는 크루젤 개선문이지요.”

파리 경찰이 자세히 설명해 주었습니다. 007과 제시카는 센 강으로 달려가 모터보트를 타고 크루젤 개선문으로 갔습니다. 테로우가 설치한 폭탄으로 개선문은 산산조각이 난 상태였습니다.

다행히 죽은 사람은 없었지만 크루젤 개선문이 무너지면서 거대한 돌에 한 여자가 깔려 꼼짝달싹 못하고 있었습니다.

“살려 주세요!”

여자가 비명을 질렀습니다.

파리 경찰이 그 여자를 누르는 돌을 들어 올리려고 했지만 돌은 조금도 들리지 않았습니다.

“기중기를 불러야겠습니다.”

파리 경찰이 007에게 말했습니다.

“배가 터질 것 같아요. 살려 주세요!”

여자는 무거운 돌에 눌려 고통을 호소했습니다.

"기중기를 부를 시간이 없소."

007은 이렇게 말하고는 주위를 둘러보았습니다. 길가에 기다란 통나무 하나가 있었습니다. 007은 통나무를 들어 돌과 여자 사이에 찔러 넣었습니다.

"뭐하는 거죠?"

제시카가 물었습니다.

"지렛대의 원리를 이용하는 겁니다. 받침점에서 거리가 먼 곳에서 작은 힘을 작용하면 받침점에서 거리가 가까운 쪽에는 큰 힘이 작용하지요. 그 큰 힘으로 돌을 들어 올리는 거죠."

007이 설명했습니다.

"병따개랑 같은 원리군요."

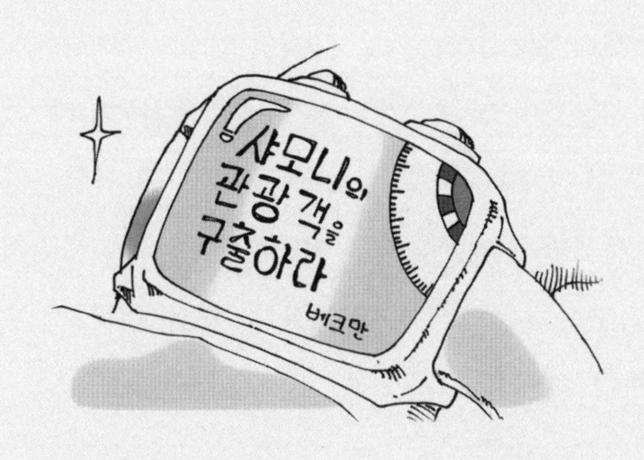

제시카도 이해하는 표정이었습니다. 007은 제시카와 함께 공중으로 뛰어올랐다가 통나무 끝으로 떨어졌습니다. 순간 여자를 누르고 있던 돌이 퉁겨졌습니다. 여자는 간신히 돌로부터 빠져나와 구조되었습니다.

"007, 대단하군요."

제시카는 존경의 눈빛으로 007을 바라보았습니다.

삐삐삐삐.

007의 손목시계에서 신호음 소리가 났습니다. 007의 시계는 문자 전송 기능이 있는 특수 시계였습니다.

"샤모니가 어디죠?"

007은 제시카에게 물었습니다.

"프랑스 서부 알프스 산맥에 있는 관광지예요."

제시카가 대답했습니다.

007과 제시카는 고속 전철 TGV를 타고 샤모니에 갔습니다. 샤모니는 프랑스에서 가장 유명한 스키장입니다. 많은 스키어들이 케이블카를 타고 정상으로 올라가고 있었습니다.

007과 제시카가 케이블카를 타려는 순간 케이블카가 출발하기 시작했습니다. 007은 시간표를 흘끗 쳐다보았습니다. 마지막 케이블카였습니다.

"나를 꽉 잡아요."

007은 제시카를 한 손으로 안고 케이블카를 향해 뛰어올랐습니다. 두 사람은 케이블카에 매달려 정상까지 올라갈 수 있었습니다.

드디어 두 사람은 샤모니 스키장 정상에 도착했습니다. 세 명의 스키어가 슬로프를 내려갈 준비를 하고 있었습니다.

“멈춰요.”

007이 세 명의 스키어에게 소리쳤습니다.

“스키장에 폭탄이 설치되어 있어요.”

007이 다시 한 번 소리쳤습니다. 스키어들은 매우 놀란 표정이었습니다. 그때 ‘펑’ 소리가 났습니다.

“폭탄이 터졌어요.”

제시카가 떨리는 목소리로 말했습니다.

007은 아래를 내려다보았습니다. 이곳의 슬로프는 정상에서 내리막길을 따라갔다가 절벽 사이를 연결하는 다리를 통해 맞은편 절벽으로 이동하게 되어 있었습니다.

“다리가 무너졌어요. 우린 이제 완전히 고립되었어요.”

제시카가 두려운 표정으로 말했습니다.

“뭔가 방법이 있을 겁니다.”

007은 제시카와 스키어들을 진정시켰습니다. 그때 어디선가 재깍거리는 소리가 들렸습니다.

“시한폭탄이에요.”

스키어 한 명이 놀라 소리쳤습니다. 모두들 소리가 나는 곳으로 가 보았습니다.

“초강력 시한폭탄이야. 1시간 후에 터질 거야.”

007이 말했습니다.

"터지면 어떻게 되지요?"

스키어가 물었습니다.

"이 산 전체가 무너질 겁니다. 그전에 반대편 절벽으로 건너가야 해요."

"하지만 다리가 끊겼잖아요. 어떡하죠?"

스키어들의 얼굴 표정이 어두워졌습니다.

갑자기 007은 스키를 타고 슬로프를 따라 내려갔습니다.

"안 돼요. 다리가 끊어졌어요."

제시카가 소리쳤지만 이미 007이 탄 스키는 절벽을 향하고 있었습니다. 제시카는 두 손으로 눈을 가렸습니다. 절벽 아래로 떨어지는 007을 보지 않기 위해서입니다.

007은 점점 빠르게 가속되더니 절벽 근처에 다다를 때쯤

손목시계의 버튼을 눌렀습니다. 시계에서 갈고리가 달린 줄이 바닥에 꽂히면서 007은 절벽 앞에서 멈춰 섰습니다.

007은 정상에 있는 제시카를 향해 손을 흔들어 주었습니다. 제시카는 가슴이 철렁했지만 007이 무사한 것에 안도의 숨을 쉬었습니다.

007은 절벽에 붙어 있는 표지판을 보았습니다. 해발 1,200m라고 표시되어 있었습니다.

"정상이 해발 1,520m이니까 이곳과의 높이 차는 320m가 되겠군. 위치 에너지가 운동 에너지로 변하니까 나의 질량을 m이라고 하고 멈추기 직전의 속도를 v라고 하면, $m \times 10 \times 320 = \frac{1}{2} \times m \times v^2$ 이 되겠군. 그러니까 절벽 앞에서의 속도 v는 80m/s가 되겠군. 절벽 사이의 거리는 400m쯤 되어 보이는데, 이 정도의 속도라면 최대 640m까지 날아갈 수 있으니까 충분하겠어."

007은 이렇게 속으로 중얼거리고는 절벽의 끄트머리에 45°로 판을 세워 놓고는 다시 정상으로 올라왔습니다.

"007, 이제 1분밖에 안 남았어."

제시카가 소리쳤습니다.

"모두 전속력으로 절벽 앞에 설치한 판까지 내려가세요."

007이 말했습니다. 모두 두려움에 떨었지만 달리 방법이 없는 탓에 007의 말대로 했습니다. 제시카가 제일 먼저 내려가고, 그 뒤를 세 명의 스키어가, 마지막으로는 007이 스키를 타고 내려갔습니다.

제시카가 제일 먼저 절벽 앞에 설치되어 있는 판에 다가갔습니다. 제시카는 속으로 기도를 하고 눈을 감았습니다. 45°로 올라선 판은 제시카를 공중으로 날아오르게 했습니다. 제시카는 포물선을 그리며 최고 높이까지 날아오르더니 반대편 절벽에 무사히 도착했습니다. 세 명의 스키어 그리고 007도 무사히 절벽을 건넜습니다.

순간 '쾅' 하는 소리와 함께 다섯 사람이 건너온 언덕이 무너지기 시작했습니다. 이렇게 007은 테로우로부터 모든 스키어들을 무사히 지킬 수 있었습니다.

다음 날 눈을 뜨자마자 007과 제시카는 서둘러 마르세유로 향했습니다. 마르세유는 프랑스 남부의 항구 도시입니다. 007과 제시카는 그곳에서 초대형 유람선 타이타닉에 올라탔습니다.

"어디로 가는 거죠?"

제시카가 007에게 물었습니다.

"테로우 일당이 지중해의 무인도인 스마일리 섬에 있다는 것이 알려졌소. 그들은 퍼리라는 배를 타고 전 세계를 돌면서 테러 행위를 벌이고 있소. 퍼리는 첨단 장비로 무장되어 있소. 우린 스마일리 섬으로 가서 함께 테로우 일당을 물리쳐야 해요."

007이 오른손을 움켜쥐며 말했습니다.

두 사람은 아름답고 평화로운 지중해를 감상할 수 있었습니다. 그때 갑자기 배가 좌우로 흔들렸습니다.

"무슨 일이지?"

007은 급하게 조종실로 내려갔습니다. 제시카도 그 뒤를 따라갔습니다. 조종실의 수중 레이더에 어떤 물체들이 타이타닉을 향해 다가오고 있었습니다.

"저게 뭐죠?"

007은 선장에게 물었습니다.

"글쎄요? 상어 떼 같기도 하고요."

선장은 자신 없는 목소리로 대답했습니다.

레이더에 표시된 점들이 점점 가까워졌습니다. 모두 레이더를 뚫어지게 바라보았습니다. 점은 점점 중심을 향해 움직였습니다. 잠시 후 점이 레이더의 중심에 멈춰 섰습니다. 하지만 아무 일도 일어나지 않았습니다.

"별일 아니네요."

제시카가 미소를 지으며 말했습니다. 하지만 그것은 제시카의 착각이었습니다. 잠시 후 배가 위아래로 요동치더니 급기야 배가 뒤집어져 버렸습니다. 테로우가 쏜 수중 어뢰가 배 바로 아래에서 폭발해 파도로 배가 뒤집어진 것이었습니다.

제시카가 타고 있는 배가 뒤집어지면서 모든 것이 거꾸로 되었습니다. 모든 승객들은 거꾸로 뒤집힌 배를 바라보며 놀란 표정을 짓고 있었습니다.

007은 소변이 마려워 화장실로 달려갔습니다. 하지만 화장실도 뒤집혔기 때문에 변기가 거꾸로 매달려 있었습니다.

'이런! 화장실이 없어진 셈이군.'

007은 속으로 중얼거렸습니다.

승객들은 모두 한곳에 모였습니다. 여자와 어린이들은 두려움에 떨고 있었습니다. 그러자 007이 사람들 앞으로 나아가 말했습니다.

“저는 특수 공작원 007입니다. 이제 모두 제가 시키는 대로 하세요. 그러면 모두 무사할 겁니다.”

그때 바닥으로 물이 들어왔습니다.

“바닷물이 들어오고 있어요!”

식당 종업원이 놀라 소리쳤습니다.

물은 점점 높이 차오르기 시작했습니다.

“007, 어떡하죠? 이러다간 모두 물에 빠져 죽을 거예요.”

제시카가 걱정스러운 눈으로 말했습니다.

물이 점점 차올라 가슴 높이까지 되었습니다.

“어떡해요?”

제시카가 소리쳤습니다.

"가만, 배가 뒤집어졌지? 그렇다면 위쪽이 원래 배의 아래쪽이니까 그곳에는 공기가 있을 거야. 우선 사람들을 그리로 대피시켜야 해."

007은 이렇게 말하고는 시계를 위로 향하게 한 후 버튼을 눌렀습니다. 시계에서 줄이 뻗어 나가더니 천장에 달라붙었습니다.

"모두 이 줄을 타고 올라가세요."

007은 승객들을 차례로 올려 보냈습니다.

007은 천장에 붙어 있는 뚜껑의 손잡이를 당겼습니다. 그것은 배의 공기 탱크로 향하는 입구였습니다. 007은 승객들을 구멍으로 들여보냈습니다.

"구조를 요청하기 위해서는 이 배의 꼭대기로 올라가야 합니다."

007은 사람들을 더 높은 곳으로 데리고 갔습니다. 모두 007을 따라갔습니다. 물은 점점 더 빠른 속도로 차올라 금방이라도 모두를 덮칠 것 같은 상황이었습니다.

"서두릅시다!"

007은 승객들을 재촉했습니다.

모두들 차오르는 물을 피해 간신히 배의 스크루가 있는 지점에 도착했습니다. 스크루는 배의 가장 아래쪽에 있으므로 뒤집혀진 배에서는 가장 위쪽이 되는 셈입니다.

하지만 문제가 발생했습니다. 스크루 쪽으로 나가려면 철문을 열어야 하는데, 문의 손잡이가 사라져서 아무리 돌려도 문이 열리지 않았던 것입니다.

물이 점점 더 차오르기 시작했습니다.

"어떻게 좀 해 봐요."

제시카가 007에게 말했습니다.

"문의 손잡이는 축바퀴의 원리를 이용한 것입니다. 그러니까 반지름이 큰 원을 작은 힘으로 돌리면 그것과 연결되어 있는 반지름이 작은 원은 큰 힘을 받게 되지. 하지만 손잡이가 날아가서 두 곳의 반지름이 같아 축바퀴의 원리가 통하지 않아. 어떻게 이 문을 열지?"

007도 어쩔 도리가 없었습니다. 모두들 불안한 모습으로 서로의 얼굴만 바라보았습니다.

그때 거대한 바퀴 모양의 물체가 물에 떠내려 왔습니다.

"저거면 돼."

007이 소리쳤습니다. 그것은 바로 방향을 조정하는 키였습니다. 007은 키를 문에 단단히 고정시켰습니다. 그러고는 천천히 키를 돌렸습니다. 문이 열렸습니다.

"문이 열렸다!"

모든 승객들이 기뻐 소리쳤습니다. 모두 문 밖으로 나가 뒤집힌 배의 맨 꼭대기로 가서 구조 요청을 했습니다.

헬리콥터 한 대가 뒤집힌 배를 향해 날아왔습니다. 구조대였습니다. 헬리콥터에서 줄이 내려왔고 승객은 차례로 줄을 타고 헬리콥터로 올라갔습니다.

이제 제시카가 올라갈 차례입니다. 제시카가 절반쯤 올라갈 즈음 갑자기 조그만 비행기가 제시카의 옆을 빠르게 스쳐 지나갔습니다.

"살려 줘!"

제시카의 비명 소리였습니다. 테로우의 소형 비행기가 제시카를 납치한 것이었습니다.

"제시카!"

007이 배에서 소리쳤습니다. 하지만 이미 제시카를 납치한 비행기는 보이지 않았습니다.

007은 해상 경찰들과 함께 제시카를 구출하기 위해 스마일리 섬으로 해안 경비정을 타고 갔습니다. 한참 후 007 일행은 스마일리 섬에 가까운 곳에 있는 조그만 무인도인 에네르스 섬에 도착했습니다. 에네르스 섬은 밀물 때는 수면 아래로 숨고 썰물 때면 수면 위로 모습을 나타내는 조그만 섬이었습니다.

007은 에네르스 섬에서 해안 경찰들과 함께 무언가를 열심히 만들었습니다. 테로우 일당은 에네르스 섬에 007이 도착한 사실을 전혀 눈치채지 못했습니다.

007은 잠수복을 입고 스마일리 섬 앞에 세워 둔 테로우의 배 퍼리의 앞부분에 에네르스 섬에서 시작된 줄을 매달았습니다.

다음 날 아침 007은 퍼리에 타고 있는 테로우를 향해 소리쳤습니다.

"테로우! 이제 넌 끝났다. 항복하라!"

테로우가 배 위에 그 모습을 나타내더니, 큰 소리로 부하들에게 명령했습니다.

"발포하라!"

테로우의 배에서 정신없이 화살이 날아왔습니다.

"모두 피해요!"

007이 소리쳤습니다.

"이제 새로운 무기를 선보일 차례군."

화살이 뜸해지자 007이 모습을 나타내더니 말했습니다. 007은 한 손에 줄을 잡고 있었습니다.

"테로우! 항복하지 않으면 배를 침몰시키겠다!"

007이 테로우에게 소리쳤습니다.

하지만 테로우 일당은 들은 척도 하지 않고, 다시 화살을 쏘기 시작했습니다.

그때 믿기지 않는 일이 벌어졌습니다. 007이 줄을 잡아당기자 놀랍게도 테로우가 탄 배가 공중으로 솟아오르는 것이었습니다.

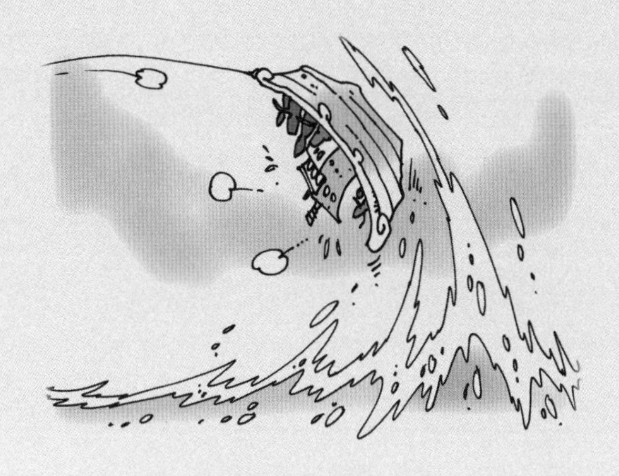

다시 줄을 놓았더니 배는 바다로 곤두박질쳤습니다. 007은 이런 동작을 반복했습니다. 테로우의 배가 위아래로 요동을 치면서 모두 물에 빠진 것이었습니다.

해안 경찰들은 물에 빠진 테로우 일당을 모두 체포했습니다. 이것으로 테로우와의 싸움은 007의 승리로 끝났습니다.

해안 경찰은 도저히 믿기지 않는다는 표정으로 007에게 물었습니다.

"어떻게 한 손으로 줄을 당겨 배를 움직이게 한 거죠?"

"도르래를 이용한 거죠. 움직도르래 1개를 쓰면 물체를 들어 올리는 데 드는 힘이 절반으로 줄어듭니다. 그러니까 2개를 쓰면 $\frac{1}{4}$로 줄어들고 10개의 움직도르래를 쓰면 $\frac{1}{1024}$로 줄어들지요. 우리가 만든 장치는 수천 개의 움직도르래를 사용했기 때문에 살짝만 잡아당겨도 테로우의 배를 큰 힘으로 들어 올릴 수 있는 거죠."

007은 해안 경찰들과 스마일리 섬으로 갔습니다.

"제시카! 제시카!"

007은 제시카를 불렀습니다.

"살려 주세요!"

제시카의 목소리였습니다. 007은 소리가 나는 곳으로 달려갔습니다. 제시카는 줄에 매달려 있고 줄 아래에는 악어들이 제시카를 물기 위해 입을 벌리고 있었습니다.

"제시카! 발을 굴러 반대편 언덕으로 가요."

007이 소리쳤습니다. 제시카는 007의 말대로 해 보았습니다. 하지만 언덕까지 갈 수는 없었습니다.

"제시카! 줄을 꼭 잡고 있어요."

"손에 힘이 빠지고 있어요. 빨리 좀 도와주세요."

제시카가 애원했습니다.

007은 기다란 원통에 커다란 용수철을 넣고 압축을 시킨 다음 고정시켰습니다. 007은 원통을 가지고 제시카가 매달려 있는 악어 구덩이 쪽으로 갔습니다. 악어는 계속 위로 뛰어오르고 제시카는 팔에 힘이 빠지고 있었습니다.

007은 준비해 온 원통 속으로 들어갔습니다. 그리고 해안

경찰에게 압축된 용수철을 막고 있는 막대기를 빼도록 했습니다. 순간 용수철이 팽창을 하면서 원통 속의 007이 엄청난 속력으로 제시카를 향해 날아갔습니다.

007이 줄에 매달리자 007을 움직이게 했던 탄성 에너지가 007의 운동 에너지를 만들고, 그 힘으로 줄이 움직이면서 두 사람은 건너편 언덕에 착륙했습니다. 운동 에너지가 다시 위치 에너지로 변하게 된 거죠.

이렇게 007은 제시카도 구출하고, 테로우 일당도 모두 붙잡는 데 성공했습니다.

과학자 소개

줄의 법칙을 발견한 줄 James Prescott Joule, 1818~1889

줄은 영국의 부유한 가정에서 태어났습니다. 집안은 대대로 양조장을 경영하였고, 젊은 시절에는 일하지 않고도 지낼 만큼 부유하였습니다.

줄은 실험을 기초로 한 연구 등 자신의 돈을 과학을 위해 사용하였습니다. 줄은 16세에 돌턴(John Dalton, 1766~1844)에게 물리와 화학의 기초를 배운 것을 제외하고는 과학을 독학으로 공부하였습니다. 하지만 정확한 연구로 다른 과학자 못지않은 큰 업적을 이루어 내었습니다.

산업화가 일어나면서 전기 모터가 증기 엔진을 대신하여 사용되었습니다. 전기 모터의 효율성을 연구하던 줄은 전류로 발생하는 열의 양을 측정하였습니다. 줄은 이렇게 측정한 것을 바탕으로 전류와 발열 작용에 관한 법칙(줄의 법칙)을 발견하였습니다.

그로부터 열과 일의 관계를 깊이 연구하였고, 열의 일당량을 측정하는 실험을 면밀하게 실행하여 에너지 보존 법칙의 확립에 큰 기여를 하였습니다.

1853년에는 학회에서 알게 된 톰슨(William Thomson, 1824~1907)과 함께 공동 연구한 결과로 줄-톰슨 효과를 발표하였습니다. 그 외에도 많은 연구를 하였고, 1866년에는 최고의 과학자들에게 수여하는 코플리 메달을 받았습니다.

하지만 1875년 결국 실험을 위한 돈이 모두 바닥이 났고, 그 뒤로 몇 년 동안을 병으로 앓다가 1889년 결국 세상을 떠났습니다.

과학 연대표

언제, 무슨 일이?

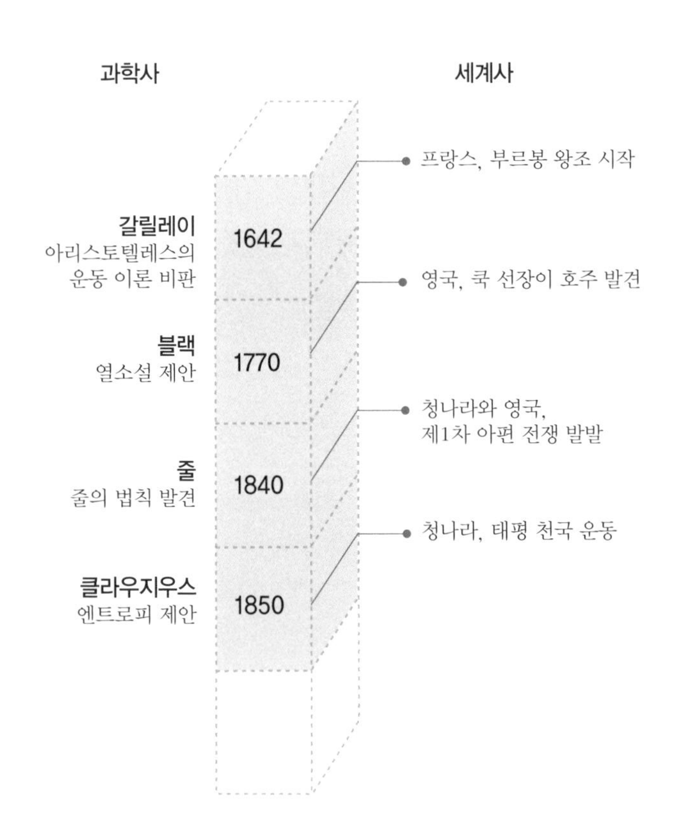

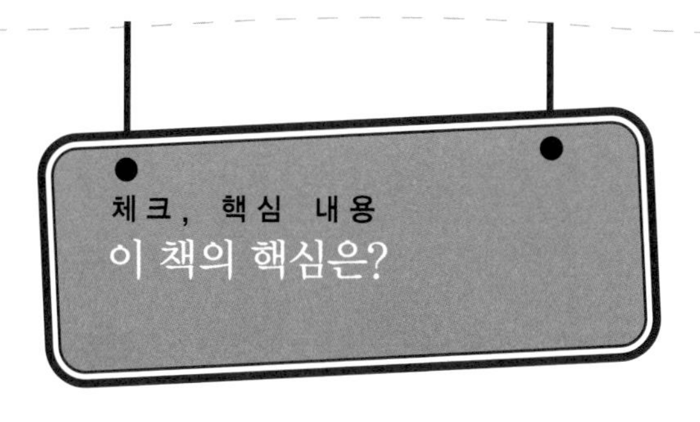

1. 같은 힘을 물체에 작용했을 때 일의 양은 물체의 □□ □□에 비례합니다.
2. 일의 효율을 일률이라고 하며, 단위는 J/s가 됩니다. 이것을 W라고 쓰고 □□ 라고 읽습니다.
3. 움직 도르래 1개를 이용하면 물체를 들어 올리는 힘을 □ 정도로 줄일 수 있습니다.
4. 빗변의 기울기가 급하면 큰 □ 이 필요합니다.
5. 축바퀴에서 회전축으로부터 거리가 멀수록 □□ 가 큽니다.
6. 속도가 클수록, 질량이 클수록 □□ 에너지가 큽니다.
7. 위치 에너지는 질량에 □□ 합니다.

1. 이동 거리 2. 와트 3. $\frac{1}{2}$ 4. 힘 5. 토크 6. 운동 7. 비례

이슈, 현대 과학

자동 판매기의 원리

동전을 넣으면 커피잔이 내려오면서 커피가 자동으로 채워지는 커피 자동 판매기는 우리 주위에서 흔히 볼 수 있습니다.

최초의 자동 판매기는 기원전 215년 그리스의 헤론(Heron)이 발명한 성수 자동 판매기입니다. 그 후 1857년 영국에서 산업화된 자동 판매기가 개발되어 우표, 껌, 사탕, 책 등을 판매했습니다.

초기의 자동 판매기는 기계식이었습니다. 기계식 커피 자동 판매기의 원리는 지레의 원리입니다. 지레의 원리란 지렛대를 받침점에 받쳤을 때 외부 힘을 작용하는 점을 힘점, 지레가 물체에 작용하는 점을 작용점이라고 하며, 그때 외부 힘과 힘점에서 받침점까지의 거리의 곱은 물체에 작용하는 힘과 작용점에서 받침점까지의 거리의 곱과 같다는 것입니다. 즉, 받침점으로부터 힘점까지의 거리를 길게 하고, 작용점까지의 거리를 짧게 하면 외부 힘을 작게 가했을 때 물체는 큰 힘을 받게 되지요.

기계식 자동 판매기에서 지레의 원리는 위조 동전을 가려내기 위해 사용되었습니다. 기계식 자동 판매기의 동전 투입구에 동전을 넣으면 동전은 통로를 따라 내려갑니다. 맨 처음 동전이 떨어지는 곳은 평형 상태를 이루고 있는 자판기 속의 지레입니다.

이때 동전의 무게가 무거우면 지레가 기울어져 경사 홈으로 들어가고 무게가 너무 가벼워 지레를 기울어지게 하지 못한 동전은 반환 통로로 떨어집니다. 지레를 무사히 통과한 동전은 자석이 있는 경사를 따라 내려갑니다.

이때 정상적인 동전은 일정한 자기력을 받아 정확한 통로로 들어가고 유사 동전은 자기력이 다르기 때문에 정확한 통로로 가지 못하고 반환 통로로 떨어지게 됩니다.

찾아보기

어디에 어떤 내용이?